西南山区烤烟连作对土壤微生物多样性的影响研究

王胜男●著

图书在版编目（CIP）数据

西南山区烤烟连作对土壤微生物多样性的影响研究 / 王胜男著. -- 成都 : 四川大学出版社, 2024. 8.
ISBN 978-7-5690-6935-8

Ⅰ. S154.3

中国国家版本馆 CIP 数据核字第 2024B416M4 号

书　　名：西南山区烤烟连作对土壤微生物多样性的影响研究
　　　　　Xinan Shanqu Kaoyan Lianzuo dui Turang Weishengwu Duoyangxing de Yingxiang Yanjiu

著　　者：王胜男

选题策划：梁　平　孙滨蓉　李　黎
责任编辑：梁　平
责任校对：李　梅
装帧设计：裴菊红
责任印制：李金兰

出版发行：四川大学出版社有限责任公司
　　　　　地址：成都市一环路南一段 24 号（610065）
　　　　　电话：（028）85408311（发行部）、85400276（总编室）
　　　　　电子邮箱：scupress@vip.163.com
　　　　　网址：https://press.scu.edu.cn
印前制作：四川胜翔数码印务设计有限公司
印刷装订：成都金龙印务有限责任公司

成品尺寸：170mm×240mm
印　　张：8
字　　数：151 千字

版　　次：2024 年 11 月 第 1 版
印　　次：2024 年 11 月 第 1 次印刷
定　　价：58.00 元

扫码获取数字资源

四川大学出版社
微信公众号

目　录

第1章　概　述

烟草是一种特殊的经济作物，在世界各地广泛种植。烟草家族中重要的一员——烤烟，是我国重要的经济作物之一，其种植面积和产量居世界第一。由于吸烟有害健康，目前烤烟在吸食方面的用途越来越弱。然而烤烟在国民经济中依然起着重要的作用，其在食品、生物杀虫剂、药品等方面的作用正在不断地被开发利用。烤烟再生能力强，一年可收获多次，且产量较高。烤烟叶片蛋白质含量在10%左右，可利用烟叶提取蛋白质制作多种食品。烤烟中烟碱具有解毒、杀虫等功效，已在全球范围内作为植物杀虫剂广泛推广使用。此外，烤烟还可以作为模式作物应用于各个领域，为现代农业生物技术奠定了基础。在烟株中导入其他生物的抗病基因，使其充分表达并提取利用等方面的研究已经广泛开展。例如，美国科学家将烤烟作为“生物反应器”从中提取抗癌、抗病毒的干扰素，用于肺癌的治疗。瑞典科学家将抗体基因植入烤烟中，从中提取血液蛋白活化剂，对心脏病的治疗效果良好。因此，烤烟在科研方面的用途有着广阔的前景。随着科技的发展，烤烟将在更多的领域表现出它的独特魅力。

在我国，烤烟主产区多在经济较落后地区。在我国西南山区，烤烟产值可达50000～75000元/hm^2，是种植粮食作物的3～5倍。种植烤烟是山区农民脱贫致富、提高生活水平的有效途径。由于烤烟巨大的经济效益及西南山区土地面积受限，近年来烤烟连作的面积越来越大。但烤烟是不耐连作作物，长时间连作会导致烤烟植株发育不良，产量急剧下降，品质明显降低，给烤烟的可持续生产和区域经济的发展造成严重影响。

近年来，科研人员提出连作障碍发生的主要原因是植物根际环境失调。在自然界中，植物、土壤、微生物及其所处的环境之间存在相互影响、相互促进、相互制约的关系。烤烟出现连作障碍的原因可能是烟田土壤肥力下降、土壤中各元素比例失调、植物根系分泌物自毒作用、土壤微生物群落改变，进而导致根系土壤环境变差，病虫害频发，影响烤烟正常的生长发育。

1.1 连作障碍及其产生的可能原因

1.1.1 连作障碍

连作障碍又称为再植病害、再植问题或忌地现象。它是指在同一土地上连续种植同一植物或近源植物后，出现植株生长发育变缓、产量品质下降、病虫害频发等现象。连作障碍普遍存在于农业、林业、园艺等生产中，在茄科植物、瓜类、豆类及根部入药的植物中表现尤其突出。

我国人均耕地面积少，连作现象在作物生产中普遍存在。连作障碍发生时，轻则造成植株发育不良，严重时会导致作物减产甚至绝产，造成不可挽回的经济损失。在粮食作物中，2010 年肖占文对玉米连作研究表明，连作会使玉米种子发芽率降低，并对玉米幼苗的生长和发育产生抑制作用，长期连作玉米产量大幅度递减。Peng 在 2009 年发现，早稻连作两年后产量就会出现显著下降，且随着时间的增长，其产量下降幅度不断增大。

经济作物也会出现严重的连作障碍。西瓜连作会导致其再生能力减弱，土壤微生物区系失衡，肥力下降，病害发生率上升，畸形果率升高，产量降低。刘文忠等 2009 年的研究表明，大豆根系分泌物会抑制后茬大豆幼苗生长，连作 3 年后产量下降 1/3 以上。随着大豆根部酚酸类分泌物的不断积累，土壤 pH 值下降，并会对根瘤的产生造成影响，抑制大豆的固氮作用。在烟草种植过程中，连作导致病虫害加剧，土壤微生物群落结构改变，酶活性异常，植株生长受损，劣质烟叶比例上升。赵秋月等在 2013 年研究发现，在番茄的种植过程中，随着连作年限的增加，番茄叶片中超氧化物歧化酶、过氧化物酶含量增加，丙二醛和相对电导率上升，产量品质有所下降。2010 年，段春梅等对黄瓜连作研究表明，连作导致土壤中速效养分呈现下降趋势，对土壤微生物群落也造成一定影响。黄瓜根部土壤中真菌不断增加而细菌则大幅度减少。

连作障碍在根部入药的中药材种植过程中普遍存在。长期单一种类的种植模式导致土壤微生态系统失衡，土壤肥力下降，土壤中病原菌大量繁殖，病害频发，产生严重的连作障碍。人参重茬栽培 3 年后土壤养分耗竭，土壤中铁、锰、锌等元素含量明显减少，参苗出现烧须、烂根等现象，严重阻碍了人参的正常生长，甚至造成减产绝收。李勇等于 2010 年研究发现，人参连作导致土壤微生物区系改变，病害加重。在丹参的种植过程中，长期连作导致丹参苗枯苗率剧增，产量大幅度下降，且其内含物中有效成分含量也不断减少。

1.1.2 连作障碍产生的可能原因

连作障碍产生的原因十分复杂，Molish 提出植物“化感作用”，Klvus 归纳出引起连作障碍的“五大因子学说”。在过去几十年中，国内外专家学者对植物连作障碍进行了大量的研究，目前认为造成连作障碍的主要原因有以下几方面。

1. 影响根际微生物区系平衡，病原微生物数量增加

土壤微生物是土壤结构维持、营养循环、有机物转化、毒素降解等的重要环节，它们调节土壤中各种生化反应过程，维持着土壤中生态环境的动态平衡。长期连作下，微生物群落年复一年地持续暴露于同一作物的根分泌物中，盐分、有机酸等物质在土壤中不断积累，造成了特殊的土壤生态环境。在这种环境的影响下土壤中微生物群落改变，有益菌丰度减少，病原菌丰度增多，土壤健康遭到破坏，后茬作物的生长发育受到严重影响，进而导致连作障碍加剧。

2. 土壤性状恶化，营养失衡

长期连作，植物对某些元素特定吸收，又不能合理补充，造成土壤中某种或者几种可利用营养物质减少，营养平衡被打破，造成植物营养不良，生长变差，抗逆性下降，影响植物正常生长。连作导致土壤容重增大，土壤非毛细管孔径表层增加，土壤颗粒变小，透气性变差，造成土壤板结严重。连作导致土壤酸化和盐渍化，土壤矿质元素活化和有效性受到影响，抑制作物生长发育。连作还会引起土壤矿质元素间的拮抗和毒害作用，制约植物根系对土壤养分的吸收，导致植物营养供给不足，抗逆抗病虫害能力下降。

3. 化感自毒作用

植物在正常的生长中，通过挥发、雨水淋溶、根系分泌及分解植物残体等途径向周围环境中释放有机或无机物质，主要包括碳水化合物、氨基酸、有机酸和黄酮类化合物。这些化感物质中的有机酸、酚类等物质在土壤中积聚，并通过多种途径如光合作用、酶活性、细胞膜透性、离子吸收等抑制植物种子萌

发和生长发育，并影响土壤中养分的活化及土壤微生物群落分布等，对植物造成毒害作用。连作使化感物质在植物根际不断积累，抑制作物生长，引发病害发生，造成作物根系生活力降低发病率升高，形成生长障碍。

1.2 土壤微生物与土壤环境

1.2.1 土壤微生物

土壤是地球上物质和能量循环的重要场所。微生物是土壤中最为活跃的组成部分，它们在维持土壤功能和生态系统可持续性等方面都有着不可替代的作用。微生物在土壤中具有较大的比表面积，代谢活动旺盛。它们参与了土壤中有机物分解、养分循环转化、能量传递等所有生命过程，是土壤生态环境中不可或缺的关键组成。土壤营养的形态和有效性与土壤微生物活动直接相关，土壤微生物在保持土壤肥力、净化土壤、维持生态平衡等方面起着极其重要的作用。

微生物以群落的形式存在于自然界中。它们既是土壤养分循环和转化的动力，也是土壤肥力、土壤结构与植物健康的忠诚守护者。微生物群落的生态特征可分为结构特征和功能特征。结构特征指的是微生物群落的组成、丰度及其不同环境条件下的更替。而微生物功能特征则指群落的行为底物代谢过程与其自身及环境的相互作用以及对外界干扰的反应等。微生物的群落结构及其相互作用决定着微生物的生态功能。土壤中细菌、真菌和放线菌是土壤生命过程和功能发展的重要体现，它们占土壤中所有微生物总量的 4/5 以上。

土壤微生物多样性指的是土壤中所有微生物在种类、遗传等方面的变化以及与生态环境间相互作用的多样化程度。土壤微生物多样性是土壤生态系统基本生命特征，反映了土壤生态环境对微生物群落的影响，是微生物群落稳定性的代表。近年来主要集中在微生物物种、结构、功能和遗传多样性等方面对土壤微生物多样性开展研究。

土壤微生物的物种多样性是指一定范围内土壤中不同种类微生物的丰度和均一度，反映了土壤生态系统中微生物种类的整体实施状态。物种多样性是微生物多样性的直接表现形式，通过 DNA 测序等研究方法能够对微生物物种多样性进行深入的研究。

土壤微生物的结构多样性是从微观角度分子水平上描述微生物的细胞结构组成，结构多样化形成了微生物多样化的代谢方式和不同的生理功能。通过生物标记分析法提取和分析用微生物分泌到体外的生物活性物质和毒素物质或基因指纹图谱等能够直观地揭示微生物群落结构信息。

功能多样性主要是微生物在土壤生态系统中的主要功能和影响范围，对生态环境循环具有重要意义，例如代谢功能、分解功能、对寄主植物的生长促进或抑制功能等。土壤微生物群落的功能多样性研究可采用生态板培养法、功能预测法、宏基因组、宏蛋白组、宏转录组和宏代谢组等方法。

土壤微生物遗传多样性指的是土壤微生物所携带的各种遗传物质和遗传信息的总和，它是土壤微生物多样性的本质和最终反映。微生物在分子水平上的多样性比高等生物更加突出，不同种群微生物的遗传物质和基因表达差异极显著。微生物遗传多样性一般表现在基因组大小和基因数目的多样性、遗传物质化学组成和 DNA 序列的差异，以及由基因序列所揭示的遗传背景多样性等方面。

1.2.2 根际土壤微生物的重要作用

德国科学家 Hiltner 于 1904 年首次提出植物“根际”这一概念。自此以后，根际成为国内外专家学者研究的热点，包含植物学、生态学、环境学、微生物学等众多学科。根际土壤是指植物根系周围 2mm 的土壤。根际土壤的物理化学性质和生化过程均受到植物根系活动的影响，例如水分的吸收、碳水化合物的分解以及营养物质的运输等。根际土壤中含有丰富的营养物质，为微生物提供了丰富的碳源，此区域微生物活动最为活跃。根际微生物群落直接影响土壤胞外酶活性、养分组成、有害物质降解与净化等，常被用来作为土壤质地评价的重要指标。

根际土壤中细菌和真菌群落严重影响着植物健康，目前人们针对根际细菌和真菌开展了广泛的研究。根际微生物对植物生长、植物修复、土壤中碳源固定等方面均有显著影响。如图 1-1 所示，植物通过根系向土壤中分泌大量有机碳和抗菌物质，吸引对其生长发育有益的微生物在根系周围聚集。同时植物根系通过释放氧气、改变土壤 pH 值和矿质元素形态等影响根际微生物群落的结构。Wang 等在 2020 年研究发现，植物根际土壤的细菌群落结构多样性与其他土壤中差异显著，根际土壤中放线菌、α 变形菌、拟杆菌等丰度显著高于非根际土壤。2014 年，Ofek 等研究表明，小麦根际土壤中的假单胞菌属和纤维弧菌属细菌比生荒土要高得多，而这两种菌属在降解纤维素的过程中均发挥着重要作用。

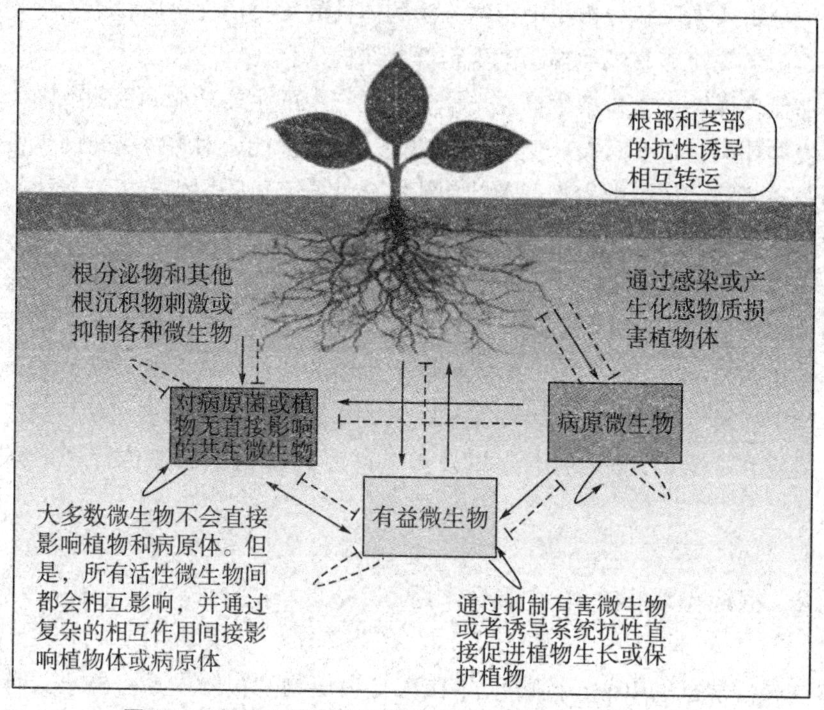

图 1-1　根际土壤中的互作关系（Berendsen et al. 2012）

注：实线尖箭头表示促进作用，虚线平箭头表示抑制作用。

根际微生物群落虽然看似复杂，但它们在生存空间、获取营养等方面会彼此调节，以达到平衡、和谐的状态。根际土壤微生物能够优化其功能结构来适应周围环境，不同类型的土壤、不同植被的根际有着特定的微生物。而植物将自身凋落物、根系分泌物等释放到根际土壤中，形成根际沉淀。根际沉淀物为根际微生物和植物相互影响提供广阔平台，为微生物生命活动提供营养。它对根际微生物的种类、数量和活性都有影响。通常情况下，植物根际沉淀物对微生物活动有促进作用，能够提高根际微生物群落的丰度和多样性。但是由于微生物和植物根系在水分和养分吸收方面存在一定的竞争关系，也可能会导致根际微生物数量下降。研究表明，不同植物对土壤微生物群落的结构和多样性具有物种特异性影响。微生物多样性受植物多样性的影响，尤其是与植物根系密切相关的菌根菌、固氮菌和内生细菌。Wei 等在 2019 年研究发现，在棉花种植过程中抗病品种和感病品种的根际细菌群落存在明显差异。种植禾本科植物的土壤中含丛枝菌根真菌较多，而种植豆科植物的土壤中子囊菌门具有较高的丰度。

植物生长调节根际微生物群落，同时也被微生物活动反馈调节。根际微生物能够分泌有机酸，将土壤中不能被植物直接利用的有机物转化为无机物，促进植物吸收利用。微生物利用根际沉淀物进行物质转化和能量代谢，将有机养分转变为无机养分，活化土壤中的复杂有机质，产生利于植物吸收的营养元素。根际微生物可以促进土壤腐殖质分解，加快植物对养分的吸收，从而促进植物生长。根际微生物还能够产生维生素和植物生长调节物质，对植物的生长发育起到促进作用。丛枝菌根与植物根系之间相互作用，通过为宿主植物供给营养来换取维持自身生命所需的碳源等。根瘤菌是豆科植物共生微生物，能够溶解土壤中的矿质磷，为植物提供氮素营养，产生植物生长调节剂等，促进植物生长。此外，还有固氮菌、蓝藻细菌等微生物存在于根际土壤中或是以根内内生菌的形式存在，为植物生长发育提供营养。

依据对植物生长的作用不同，可以将微生物分为根际促生菌（Plant growth promoting rhizobacteria，PGPR）和根际有害微生物（Deleterious rhizosphere bacteria，DRB）。PGPR具有分解土壤中有机营养，促进植物吸收的作用。它还能调节根内产生乙烯，释放类似于植物激素的信号分子，刺激植物生长。PGPR还能够诱导植物变异反应从而提高植物抗逆和抗病能力，保护植物免受病原体危害，增加植物耐胁迫能力。DRB主要通过两个方面抑制植物生长。一方面是分泌毒素抑制植物生长。DRB能够分泌氰化物等毒素，使植物生长受到抑制，导致植物发病甚至植株死亡。另一方面是产生植物激素。DRB产生过量的IAA会阻碍植物根系的生长。DRB的抑制作用与PGPR的促进作用对不同的植物物种存在特殊的选择性。Nehl等在1997年研究发现，不同的土壤环境、宿主植物，某种微生物物种可能会交替发挥促进和毒害作用。

土壤中存在许多能够导致植物病害的病原菌。例如，土壤中常见的土传病害病原细菌：引发植物青枯病的青枯雷尔氏菌（*Ralstonia solanacearum*）、引发植物细菌型黑腐病的黄色单胞菌（*Rhodanobacter*）。还有常见的病原真菌：引起植物根腐、茎腐等危害的镰刀菌（*Fusarium*），引起植物晚疫病的疫霉（*Phytophthora*）等。总体而言，真菌性病害在温带地区比细菌性病害发病率更高，危害更严重。

此外，某些土壤微生物对植物生长发育没有直接影响，但能够促进土壤有机物分解，在维持土壤生态平衡方面起着不可或缺的作用。丰富的微生物多样性和稳定性是土壤健康的重要指标，增加土壤微生物的多样性可以提高植物的活力与生产力。因此，根际微生态中植物、土壤和微生物的相互作用是复杂而又多变的。

1.2.3 土壤微生物与环境的关系

土壤是一个复杂动态的环境。土壤微生物受土壤类型、土壤酸碱度、土壤养分含量、土地管理措施、植物栽培历史等环境的影响。土壤微生物对其生存的土壤环境变化十分敏感。当环境发生变化时，土壤微生物能够迅速调整群落组成、丰度等以适应新的环境。这比土壤理化性质数据更能够及时地反映土壤健康和质量。前人研究证明，土壤质量评价可以用土壤微生物量、微生物组成、微生物功能等进行表征。此外，土壤健康还可以用土壤呼吸、土壤微生物群落丰度、微生物群落组成、微生物多样性等生物指标评价。

在土壤生态系统中，微生物与其生活的环境相互影响相互制约，并保持相对稳定的动态平衡。土壤 pH 值、C/N、含水量、物理化学性质、酶活性对土壤根际微生物群落有显著影响。前人对北极-阿尔卑斯多年生阿拉伯豆科植物根际细菌群落进行研究发现，细菌群落 15%的变异是由土壤类型决定的，而环境条件和宿主基因型解释了最多 11%的变异。土壤中丰富的有机碳资源能够供给大部分细菌和真菌的生存。在农业生产中，通过秸秆还田、添加有机物等可以为微生物生命活动提供丰富的碳源，增加代谢底物，促进微生物群落正向发展。添加有机物能够迅速改变土壤微生物群落结构，使土壤中腐生类细菌增加，进而激发病原真菌拮抗细菌的增殖。Bonanomi 等指出，对土壤进行有机质改良，能够降低土壤病原菌数量，有效抑制土传病害发生。

土壤 pH 值是影响微生物多样性的重要因素。Fierer 等 2007 年对不同生态系统的土壤微生物研究发现，pH 值是造成不同生态系统中微生物群落丰度和多样性差异的主要原因。细菌多样性在中性土壤中最高，酸性土壤显著降低细菌多样性。2020 年，Shao 等研究发现，土壤 pH 值和盐分显著影响根际土壤微生物多样性，在同一地区，健康根际土壤中操作分类单元（OTUs）数量高于盐碱地。Prosser 等 2012 年的研究结果表明，土壤酸碱度的改变对土壤微生物功能多样性有着直接的影响。当土壤 pH 值小于 5.5 时，氨氧化过程主要由氨氧化古菌控制。在陆地生态系统中，土壤细菌 3/4 以上的变异能够用 pH 值解释。随着土壤 pH 值的增加，土壤细菌多样性呈现先增加后下降的趋势。

土壤含水量对土壤微生物活性也有影响。较低的土壤含水量会减少微生物在土壤中能够获取的营养元素量。土壤含水量丰富时，微生物能够在土壤中获取更多的营养。土壤含水量对土壤微生物影响程度各不相同，细菌受土壤含水量影响更显著，其丰度与生物量随着土壤含水量的降低而降低。土壤保持较高的含水量时，变形菌丰度增加，而酸杆菌丰度下降。适当地增加土壤含水量能够促进氨氧化细菌的生长；但土壤含水量过高会使土壤中氧气浓度降低，对氨氧化细菌造成抑制作用。

土壤微生物还会因土壤的管理利用方式而变化。通常情况下，传统耕作土壤微生物群落丰度和多样性高于免耕或浅耕土壤。轮作比连作更有利于增加土壤中细菌群落丰度，并能够抑制病原菌的生长。在作物生长过程中，施用有机肥有利于维持土壤微生物的多样性。

1.3 连作对烤烟生长和烟田土壤的影响

1.3.1 连作对烤烟生长的影响

连作障碍会导致烤烟的各项农艺性状、生长发育、产量、质量等受到不同程度的影响，且随着连作年限的增加，连作障碍存在加重的趋势。

长期连作，导致烤烟生长速度减慢，烟株瘦弱，成熟度变差。连作使烤烟进入团棵期、旺长期和现蕾期的生育时间均向后推迟，烟株株高、茎粗、节间距、腰叶面积等农艺性状变差。种植方式对烤烟田间生长影响较大，在肥力充足的情况下，连作依然导致烤烟各项农艺指标均呈现不同程度的降低。

连作对烤烟生理指标、呼吸作用、光合速率等方面都有着巨大的影响。连作使烤烟根系活力降低，对养分吸收能力减弱，叶绿素质量分数减少，光合作用受到抑制，进而影响烟株地上部分和地下部分生长，最终导致烤烟生长发育障碍。连作使烟株超氧化物歧化酶、过氧化物酶活性升高，但过氧化氢酶活性显著降低，改变了烤烟的生理抗性。长期连作，烟叶叶绿体内活性氧清除系统的功能明显下降，抑制膜脂化过氧化物和蛋白质的合成，最终影响叶片的光合速率。

农业生产中连作严重影响烤烟的产量和品质，给优质烤烟生产带来了严峻的考验。长期连作的烟田烤烟生长缓慢，植株矮小，生物产量不高。随着连作时间的增长，中上等烟的比例下降，烟叶均价降低。连作使烟叶烘烤后油分不足，总糖、还原糖、钾、致香物质等含量降低，总氮、烟碱、蛋白质含量升高，导致烟叶内在化学成分比例失衡，影响吸食口感。2012 年，张继光等研究表明，不同种植模式显著影响烟叶的经济性状，连作使烟叶等级结构、均价及产值均大幅度下降。关广晟等在 2007 年对烤烟连作与烤烟-水稻轮作下烟叶化学成分含量进行研究，结果表明，连作下烟叶中的总糖、还原糖、钾等含量均低于轮作。

1.3.2 连作对烟田土壤理化性质的影响

土壤中单个土粒经有机质凝聚胶结作用后形成土壤团聚体。它是构成土壤结构成的基础，对土壤肥力的保持起着重要作用。土壤团聚体的大小、形状和稳定性对土壤含水量和透气性有直接影响。土壤表层干团聚体的稳定性对土壤质量的维持尤为重要。它决定土壤内部与外界的气体交换，避免土壤淹水时下层团聚体被破坏，从而维持土壤的稳定结构。

在农业生产过程中，种植制度、耕作方式等都会对土壤有机质造成影响，进而影响土壤团聚结构。连作导致烟田土壤团粒结构减少，土壤易板结。对黄土高原沟壑区烟田土壤的研究发现，新种植烟草的烟田，表层土壤的腐殖酸含量以松结态为主；连作 5 年后，表层土壤腐殖酸则转变为稳结态。连作烟田在移栽前、旺长期、采烤前的土壤容重、孔隙度均低于其他处理。在对烟稻轮作和烤烟连作的比较试验中发现，烟-稻轮作处理的土壤团聚体粒径显著高于连作处理。轮作能够增加土壤团聚体数量，而连作却导致土壤结构单一，团聚体数量下降，土壤黏粒数量却大幅度增加。

烤烟连续多年种植导致土壤养分分布不均衡。烤烟在生长过程中对土壤中元素的需求种类与需求量各不相同。长期连作，烤烟对同一耕层养分的特定性吸收致使土壤中某些营养元素不断减少而另一些则持续富集，打破了土壤原有的平衡状态，对烤烟的正常生长及养分利用产生负面影响。烤烟根系在土壤中的分布范围大致相同，长期连作会导致同一耕层的土壤养分严重缺失。土壤中有机质含量是反映土壤肥力的重要指标。研究表明，烟田土壤中有机质含量随连作年限的延长呈明显下降趋势，且土壤调控能力减弱，养分平衡被打破，烟株对营养的吸收受到严重影响。王棋等在 2020 年研究发现，与正茬相比，烤烟连作 2 年土壤养分含量变化不明显，当连作 3 年时土壤有机质含量下降，连作 5 年后有机质含量下降尤为显著。对长期连作下土壤有机碳含量研究发现，连作能够显著降低土壤中有机碳含量。与轮作相比，烤烟连作 5 年和 10 年，土壤中有机碳含量分别降低了 8.1％和 28.2％。然而也有研究得出不同的结论，邓阳春在2010年研究发现，在我国贵州地区烤烟连作导致土壤中速效磷含量增加，而有机质未发生明显变化。这可能是由于后者采用的是盆栽实验，连作后烤烟大幅度减产，而施入土壤的肥料持续未变，烟株对养分的吸收量小于施入的养分量。贾健于2016年在对连作烟田土壤养分的研究中发现，与轮作相比，连作烟田的土壤有效磷含量最高，但有机质、碱解氮和速效钾的含量则不断降低，连作导致烟田养分严重失衡。梁文旭等在2014年研究发现，连作中土壤和烟叶中的硫含量呈逐步积累趋势，土壤中有效铁、锰、铜、锌、硼、钼、水溶性氯、交换性钙、镁等中微量元素呈现下降趋势。

在烤烟种植过程中都会施用烟草专用肥。烟草专用肥一般都由硝酸铵、磷酸铵和硫酸钾组成。这种肥料属于生理酸性肥料，烤烟在生长中吸收大量的K^{+}、Ca^{2+}、Mg^{2+}等阳离子，排出H^{+}。烤烟连作下，根系分泌物中的有机酸，如乙酸、丁酸、水杨酸和阿魏酸在土壤中不断积累，导致土壤pH值下降。2007年，娄翼来等研究发现，随着连作年限的增长，烟田表层和次表层土壤pH值均会降低，且表层土壤出现明显酸化现象。

连作下土壤环境系统相对封闭，盐分在土壤中的累积造成次生盐渍化现象。烤烟的大田生育期是5月至9月，这一时期气温和地温均较高，空气和土壤中水分蒸发较快。农民为了追求最大产出，过量使用化肥，导致土壤中化肥一直处于过剩的状态。这种特殊的生态环境导致了烟田土壤中盐类的不断富集，土壤溶液浓度不断升高，土壤渗透势增大，使烤烟吸水和吸肥能力减弱。盐分和养分离子还会产生拮抗作用，导致烤烟生长过程中微量元素缺乏。连作后土壤的pH值、有机质含量以及阳离子Ca^{2+}、Mg^{2+}和K^{+}交换量均显著降低。土壤中氯离子、硝酸类、硫酸类离子在连作中不断积累，对土壤生态环境演变和植物生长发育都产生负面的影响。

1.3.3 连作对烟田土壤胞外酶活性的影响

土壤胞外酶是土壤生态系统的重要组成部分，对土壤中发生的各种生化反应起着一定的催化作用，其活性直接影响着土壤养分的储备和供应，是土壤养分转化能力和代谢水平的重要标志。土壤胞外酶活性表征着土壤生物活力强度及土壤健康水平。土壤胞外酶参与土壤矿质转化和土壤养分形态变化，调节土壤养分对植物的供给形态。不同的土地利用方式中，各个酶的活性也有所不同。总体而言，在作物连续栽培过程中，土壤中脲酶、过氧化氢酶、蔗糖酶、蛋白酶和磷酸酶等活性会发生大幅度改变，影响土壤正常的生理生化活动。

对重庆川渝中烟科技示范园中正茬和连作 3 年、8 年的烟田土壤脲酶、蔗糖酶和磷酸酶活性进行研究发现，连作 3 年的土壤酶活性最高，其次是正茬，连作 8 年土壤酶活性最低。短期连作使土壤酶活性增高，而长期连作则会降低酶活性。连作烟田土壤中脲酶、过氧化氢酶、磷酸酶和转化酶活性等都比正茬烟田土壤明显降低。Samuel 在 2008 年的研究也表明烤烟连作能降低土壤中过氧化氢酶、磷酸酶等的活性，对土壤养分转化产生直接影响，减弱烟株对土壤养分的有效吸收利用。对贵州省烤烟连作的研究发现，连作中不同土壤胞外酶活性变化趋势不尽相同。就脲酶而言，连作 5 年和 10 年的活性分别是连作 3 年的 1.74 和 1.55 倍。土壤中蔗糖酶活性随着连作时间先下降后逐渐提高，连作 3 年的蔗糖酶活性最高。过氧化氢酶则是在连作 10 年达到最高，为连作 3 年的 1.92 倍，连作 5 年的 1.51 倍。

土壤胞外酶活性反应土壤中营养循环、机质分解、能量代谢等土壤内部变化信息，是土壤物质和能量循环的重要组成部分。土壤生态系统中影响酶活性的因素有许多，土壤微生物与土壤胞外酶活性高低密切相关。土壤微生物和酶活性是表征土壤质量变化最敏感的指标。在连作系统中，对这些土壤质量指标变化的研究显得尤为重要。

1.3.4 连作对烟田土壤微生物的影响

长期连作，导致盐分、有机酸等在土壤耕层富集，形成了特殊的土壤生态环境。连作过程中，由于土壤同一耕层长期只有一种作物，凋落物和根系分泌物种类单一且长期不变。这引起土壤中微生物群落发生变化，原本的结构平衡被打破。大量研究表明，土壤中微生物群落结构平衡被破坏，土壤质量不断下降，造成地上部分植物减产或绝收是连作障碍的主要原因。

对不同种植模式下烟田土壤微生物进行分离培养发现，烤烟连作 2 至 10 年，土壤细菌数量逐年增加；连作超过 10 年后，细菌数量呈现大幅度下降的趋势。而固氮菌和放线菌数量则随着连作年限的增长不断增加，连作下土壤微生物多样性指数和均匀度呈降低趋势。王茂胜等也发现，不同连作年限下烟地细菌量差异极显著，真菌量差异显著，而放线菌数量差异不显著。随着连作年限的增长，土壤中真菌数量增加，细菌数量却不断下降，放线菌数量稍有增加但不明显。但是，胡汝晓等却有不同的观点，在湖南地区，烟草连作与土壤细菌、真菌及放线菌的数量没有相关性。对植烟旱地土壤微生物数量的研究发现，长期连作改变了烟地的微生物数量及多样性。连作对旱地土壤中细菌数量影响最大，随着连作年限的增长细菌数量不断降低；连作对真菌的影响次之，对放线菌影响最小。连作影响了土壤微生物多样性，增加土壤病原菌，导致烤烟土病害的发生，对植烟土壤健康造成负面影响。烤烟长期连作，土壤微生物群落发生改变，土壤由细菌型向真菌型转化，土壤肥力恶化、质量下降，土壤健康遭到严重破坏。

不同连作年限对烟田土壤微生物群落影响不同。在烤烟连作过程中，连作初期，烟田土壤病原微生物数量虽有增加，但此时有益微生物还是起到主导地位，土壤酶类物质能够较多地分解自身产生的酚类物质和过氧化物以及其他自毒物质。随着连作年限的增长，病原微生物增加剧烈，病原微生物占主导地位，同时自毒物质大量积累，导致烤烟土传病害急剧增加，产量、品质急剧降低。

种植模式会对土壤微生物群落结构造成影响。烤烟连作刺激了土壤中酚酸类物质的积累，显著降低了土壤细菌的 Shannon、Simpson、ACE 和 Chao1 指数；而且，土壤中细菌种群也显著减少，群落结构发生改变，烟株的正常生长受到影响。前人认为，烤烟连作后土壤细菌群落结构变化是引发烤烟连作障碍的主要原因。暖绳菌科、棒状杆菌科等菌群活动对连作土壤的营养代谢有强烈影响，会导致烟田致病菌增多。连作对植烟土壤中真菌的群落组成有着极大的影响，连作造成了土壤中某些特定菌群的变化，病原真菌丰度增加。连作下的优势真菌是立枯菌丝核菌（*Rhizoctonia solani*）、镰刀菌属（*Fusarium*）、链格孢属（*Myrothecium*）、花冠菌属（*Corollospora*）等。烤烟不同的种植模式中，土壤微生物功能多样性丰富度指数、香浓和辛普森指数均呈现出连作低于轮作的态势，且差异均达到显著水平。

不同种植模式对土壤微生物群落功能影响也不相同。在不同的栽培措施下，烟株与土壤间形成了独特的微生态环境。烤烟对土壤中营养成分的选择性吸收及烟株根系化感物质的分泌导致土壤中某些元素不足而另一些富集，土壤生态环境被改变，对烤烟生长产生副作用。连作加剧了这种负作用，打破了原有的生态平衡，土壤中一部分微生物活性被激活而不断增加，另一些则被抑制而不断减少，导致了微生物功能改变。大田栽培下，随着植烟年限的增加，土壤中解钾菌表现为降低—增加—降低的规律，解磷菌和硝化菌表现为增加—降低—增加的规律；而盆栽条件下，解钾菌表现为先降低后增加的规律，硝化菌则一直在增加。连作处理中土壤微生物对碳水化合物、聚类化合物、氨基酸类化合物的利用均低于正茬和轮作处理。与轮作相比，连作土壤氨化细菌和硝化细菌丰度均较低，而反硝化细菌丰度则较高。

烤烟连作下土壤微生物在不同生育阶段差异显著。在连作处理中，烤烟的生育期内土壤中细菌呈现“升—降—升—降”的趋势，而真菌群落丰度则是在移栽后 65d 达到最高，随后开始下降。随着烟株的生长，烟田土壤中氨化和解钾菌表现为先降低后增加的趋势，而硝化细菌和解磷菌则表现为先上升后下降至烤烟成熟期又有所回升。

毋庸置疑，连作对土壤微生物结构和多样性有着显著的影响。但影响土壤微生物的因素还有很多，如根际环境、植物种类及微生物间的互作等。这些因素对土壤微生物群落的影响机理、影响过程，以及影响程度等都有待进一步的研究。

1.4 现代研究技术在土壤微生物多样性上的应用

从 20 世纪 70 年代至今，土壤微生物一直是土壤生态系统研究的热点。初期是采用传统培养的方法（如平板计数法）对微生物数量、种类进行研究。这种方法具有极大的局限性，只能分析鉴定可被培养的微生物，但土壤环境中能够纯培养的微生物不足 1%，传统培养法无法反应土壤微生物绝大多数或全部信息。近年来，随着科技的不断发展，现代分子生物学技术的应用为土壤微生物的研究提供了新的途径。特别是用现代分子生物技术从微生物基因水平上研究其组成、结构、功能等，探究微生物群落多样性与土壤性质间的相互作用机理等成为人们研究的热点。

1.4.1 实时荧光定量 PCR 技术

荧光定量 PCR 技术，是指 PCR 反应体系中加入荧光基团，利用荧光积累实时监测整个 PCR 进程，最后通过标准曲线对未知模板进行定量分析。先以土壤微生物总 DNA 为模板，将细菌（16S rDNA）和真菌（ITS）的特异性基因经 PCR 扩增的产物克隆到载体上，挑选阳性克隆子培养并测序；所得序列与 NCBI 数据库进行序列同源性分析，抽提经测序鉴定为阳性克隆的质粒，用紫外分光光度计测定其 DNA 浓度，据换算公式计算成拷贝数，制成标准品。将标准品稀释，作为模板在荧光定量 PCR 仪（BioRed CFX96）上进行扩增，建立反映循环次数（Cycle threshold，CT）值与质粒拷贝数浓度对应关系的定量标准曲线。通过检测各处理DNA样品PCR后得到的Ct值，绘制标准曲线对未知模板进行定量分析，计算得出特异性基因片段拷贝数目，从而得出各微生物群落的丰度。该技术具有定量、灵敏、高速等特点，是鉴定和定量不同微生物的强大工具。

1.4.2 高通量测序技术

高通量测序技术（High-throughput sequencing）可一次性对数以千万到亿级的DNA分子进行并行测序，可对某微生物物种的转录组、基因组等进行深入全面细致的分析。高通量测序过程一般包括样本准备（Sample fragmentation）、文库构建（Library preparation）、测序反应（Sequencing reaction）和数据分析（Data analysis）四个方面。目前，微生物多样性研究主要是在编码核糖体RNA的核酸序列保守区进行的。细菌主要基于16S区，真菌主要基于ITS区（内转录间区），16S rDNA是编码原核生物核糖体小亚基rRNA（16S rRNA）的DNA序列，ITS是编码真核生物核糖体小亚基rRNA的DNA内转录间隔区序列。这些序列中既有保守区又有可变区，保守序列区域反映了生物物种间的亲缘关系，而高变序列区域则能体现物种间的差异。高通量测序技术可以直接在试验样品的总DNA中测定细菌16S或真菌ITS特定区域的序列，从而评估土壤样本中的微生物群落结构和多样性。在提取试验样品总DNA后，根据保守区设计得到引物，在引物末端加上测序接头，进行PCR扩增并对其产物进行纯化、定量和均一化形成测序文库，建好的文库先进行文库质检，质检合格的文库用Illumina HiSeq等测序平台进行测序。高通量测序（如Illumina HiSeq等测序平台）得到的原始图像数据文件，经碱基识别（Base calling）分析转化为原始测序序列（Sequenced reads），结果以FASTQ（简称为fq）文件格式存储，其中包含测序序列（Reads）的序列信息以及其对应的测序质量信息。根据PE reads之间的Overlap关系，将Hiseq测序得到的双端序列数据拼接（Merge）成一条序列Tags，同时对Reads的质量和Merge的效果进行质控过滤。通过对Reads拼接过滤，OTUs（Operational taxonomic units）聚类，并进行物种注释及丰度分析，可以揭示样品的物种构成；进一步进行α多样性分析（Alpha diversity）、β多样性分析（Beta diversity）和显著物种差异分析等，可以挖掘样品之间的差异。高通量测序技术是目前应用最广的测序技术，具有测序样本量大、深度广、灵敏度强、准确性高等特点，被认为是研究微生物多样性的优质方法。高通量测序技术的进一步发展使微生物的检测速度和检测质量得到极大的提高，为探究微生物群落结构组成、研究微生物与生态环境的交互作用及群落变化机制提供了有力的技术支持。

1.4.3 宏基因组学技术

土壤宏基因组学技术是从土壤环境样品中直接提取微生物基因组 DNA，以构建宏基因组文库，利用基因组学的研究方法，对土壤微生物群落多样性进行研究，并挖掘功能基因，解析代谢途径。它的研究对象是土壤样本中所有微生物的基因组信息，不仅包括鉴定微生物物种的特征序列，还含有编码蛋白质的功能基因。宏基因组学既能够更加真实可靠地反映土壤微生物群落组成和功能，还能够筛选新的基因和生物活性物质。宏基因组学的优点是测序样本更大，信息获取更加全面，不仅能够研究土壤微生物的组成和丰度信息，还能深入分析微生物的功能和代谢机理，对生态系统进行整体性研究。它将微生物序列和功能结合，为研究土壤微生物复杂群落结构提供了新策略。

1.5 土壤微生物共现网络分析

在土壤生态系统中，各种微生物通过寄生、捕食、竞争、共生或共栖等交互作用形成了复杂的网络。微生物间通过相互作用，驱动着土壤生态系统中的物质和能量循环。微生物间共现网络被称为“生态网络”（Ecological networks）。近年来，运用分子生态网络模型对环境微生物群落交互作用的研究开始兴起。该模型的构建是基于随机矩阵理论（RMT），计算网络中节点与对象的相关度，探讨节点间的关系强度和方向。它对揭示微生物互作网络的稳定性、复杂性有着重要意义。在微生物分子生态网络中，平均聚类系数（avgCC）、平均路径长度（avgGD）、模块性（Modularity）等参数能够反映网络的复杂性和稳定性。对中国东部五个不同气候下土壤微生物互作网络的研究发现，在北方地区，微生物互作网络更加复杂，微生物间的关系更加紧密。在沙漠地区，细菌和真核生物的相互作用随着年降水量的增加而增强，真核生物形成的网络比细菌网络小，复杂度也没有细菌网络高。而中心度（Centrality）、模块内连接度（Zi）、模块间连接度（Pi）等参数则能够揭示微生物群落中的关键物种。在微生物群落中，关键微生物类群丰度不一定很高，但其对整个共现网络有着不可忽视的影响。同时，网络中的关键微生物能够在不同的环境中进行角色转化。对寡养盆地中种植龙舌兰土壤细菌互作网络的研究发现，在龙舌兰根际土壤中，雨季的关键微生物是鱼腥藻属（*Anabaena*），而芽孢杆菌属（*Bacillus*）是旱季的关键微生物；在非根际土壤中旱季和雨季的关键微生物菌均是链霉菌属（*Streptomyces*）、植物产孢放线菌属（*Plantactinospora*）和中度嗜盐菌（*Pontibacillu*）。

第2章　连作对烟田土壤性质和烤烟生长发育影响

土壤是环境可持续发展的基础，它为作物生长提供必需的基质和养分。土壤理化性质是评价土壤质量的关键指标，是反映土壤养分及肥力水平的重要内容。不同种植制度和耕作方式会改变土壤结构和理化性质，进而改变土壤微生物量和土壤养分。土壤胞外酶活性在农业生态系统中起着重要作用，是衡量土壤质量好坏的重要指标之一。土壤胞外酶对土壤中腐殖质的分解有促进作用，能够加速土壤代谢进程，促进土壤养分释放和循环。

烤烟是忌连作作物。长期连作会导致土壤板结，土壤中营养元素出现亏缺或大量累积，土壤养分比例失衡。土壤养分失衡会进一步导致烟株营养吸收和转化能力下降导致烤烟生长发育迟缓，产量质量下降。此外，连作还会使土壤胞外酶活性失衡，土传病害加剧。在我国西南山区，由于烤烟长期连作，导致土壤养分变化不均衡，烤烟产量持续降低。但具体土壤性质变化量和变化程度尚不清楚，连作对西南山区烤烟不同生育期生长的影响还需要进一步研究。

因此，本研究中我们选取不同连作年限的烟田土壤，分析连作对土壤理化性质、酶活性的影响，以及烤烟各生育期生长发育情况和产量变化情况，以期揭示不同连作年限下土壤性质变化特征、不同连作年限对烤烟生长发育的影响，为烤烟生长中合理养分管理提供理论支撑。

2.1　试验材料与方法

2.1.1　试验地概况与试验设计

本试验在中国西南山区的攀枝花市攀枝花学院烤烟试验站（27°04′N,

101°45′E）开展，海拔 2080 m。试验站属于亚热带干热河谷气候，年平均降雨量为 1065 mm，主要集中每年在 6—10 月。平均日照时间为 2307 h，年平均气温 19.2℃。当地烤烟常规种植方式多为连作方式，最长连作年限超过 9 年。每年 5 月初移栽烤烟，8 月底收获完毕后休耕至次年 5 月再次种植烤烟。

该试验站土壤为红壤，于 2003 年开始进行烤烟栽培长期定点试验。试验地平均土壤 pH 值为 6.25，有机质含量 22.635 g/kg，全氮 2.125 g/kg，硝态氮 25.310 mg/kg，铵态氮 13.020 mg/kg，速效磷 10.288 mg/kg，速效钾 173.628 mg/kg。

试验根据连作年限设置 4 个不同的处理和 1 个对照，每个处理重复 3 次。分别为：烤烟连作 3 年（3ys），烤烟连作 5 年（5ys），烤烟连作 9 年（9ys），烤烟连作 13 年（13ys），以烤烟－豌豆轮作 5 年为对照（CK）。小区面积为 330 m^2（33 m ×10 m）。供试烤烟品种为“云烟 87”，由四川省烟草公司攀枝花分公司提供。烤烟在每年 5 月 1 日进行大田移栽，烟株株行距为 50 cm×110 cm，移栽前将烟草专用复合肥 750 kg/hm^2（$N : P_2O_5 : K_2O = 1 : 1.5 : 3$）做基肥施入。5 月 6 日进入还苗期，6 月 1 日进入伸根期，7 月 1 日进入旺长期，7 月 25 日进入成熟期，下部叶片成熟开始采收烘烤，8 月 31 日采收结束。大田生育期 123 d，田间耕作管理方式按当地常规方法进行。

2.1.2 试验样品采集

2018 年，在烤烟还苗期（5 月 6 日）、伸根期（6 月 1 日）、旺长期（7 月 1 日）和成熟期（7 月 25 日）分别采集土壤样品，采用五点取样法，具体做法如下：在每个小区随机选取 5 株健壮无病、长势一致的烤烟，铲掉土壤表土后挖出烤烟根系。抖落根系上的较大土块，将附着在根系表面的根际土用刷子轻轻采集，混合 5 株根际土壤为一个样品。将土壤样品装入无菌袋中，放入冰盒带回实验室。将土样去除植物根系、残体等，并过 2 mm 土壤筛，储存温度 4℃，用于土壤理化性质和胞外酶活性的测定。

烟叶成熟后分小区采收后统一烘烤，然后按照《烤烟》（GB 2635—1992）（中国烟叶生产购销公司 1992 年）计算产量。

2.1.3 烤烟农艺性状调查

在烤烟还苗期（5 月 6 日）、伸根期（6 月 1 日）、旺长期（7 月 1 日）和成熟期（7月25日）按照刘国顺（2017）的方法调查烤烟株高、茎围、有效叶片数等指标，并计算最大叶面积。每个小区调查6株烤烟，结果取平均值。

株高：自地表茎基处至生长点的高度。

茎围：在株高1/3处茎的周长。

有效叶片数：能够采收的叶片数。

最大叶面积：最大叶长×最大叶宽×0.6345。

2.1.4 土壤理化性状分析

测定的土壤理化性状主要包括：土壤pH值、有机质、总氮、总磷、总钾、硝态氮、铵态氮、速效磷、速效钾等。pH值使用pH计（CyberScan pH 510，Thermo Fisher Scientific，USA）测定。有机质、全氮、硝态氮、铵态氮采用Singh等（2010）的方法。全磷、全钾、速效磷、速效钾按照Osborne等（Osborne et al. 2011；Nunes et al. 2011）的方法。

2.1.5 土壤胞外酶活性测定

土壤胞外酶主要是蔗糖酶、脲酶和过氧化氢酶。蔗糖酶活性采用3，5−二硝基水杨酸比色法测定，脲酶活性采用苯酚钠−次氯酸钠比色法测定，过氧化氢酶活性采用高锰酸钾滴定法测定。

2.2 连作对烟田土壤理化性质的影响

2.2.1 连作对烟田土壤pH值的影响

土壤pH值影响烟株对土壤中矿质营养的吸收，从而影响烤烟体内代谢过程。优质烤烟生长的适宜pH值范围为弱酸至中性土壤，即适宜的土壤pH值为6.0～7.0。在弱酸性环境下的烤烟长势最强，其叶片光合速率、叶绿素含量、叶绿体希尔反应强度等均高于中性及弱碱性（pH≤8.0）土壤。

如图2−1所示，在烤烟生育期内，不同处理土壤pH值均整体呈现下降的趋势。在烤烟还苗期到伸根期，土壤pH值随着连作年限的增加呈现下降趋势，但处理间差异不大，均保持在弱酸性范围内。旺长期土壤 pH 值随着连作年限的增加表现出先升高后降低的趋势，且各连作处理间呈现差异显著（$P<0.05$）。CK 与 5ys 的 pH 值最高，达到 6.12～6.13；3ys 次之，为 6.02；9ys 和 13ys 的 pH 值分别为 5.87 和 5.72。到了烤烟成熟期，各处理土壤 pH 值均有所回升，但回升程度不同，与 CK 相比，3ys、5ys 和 CK 间差异不显著；9ys、13ys 的 pH 值虽有所回升但仍然远低于 CK，仅为 5.83 和 5.92。

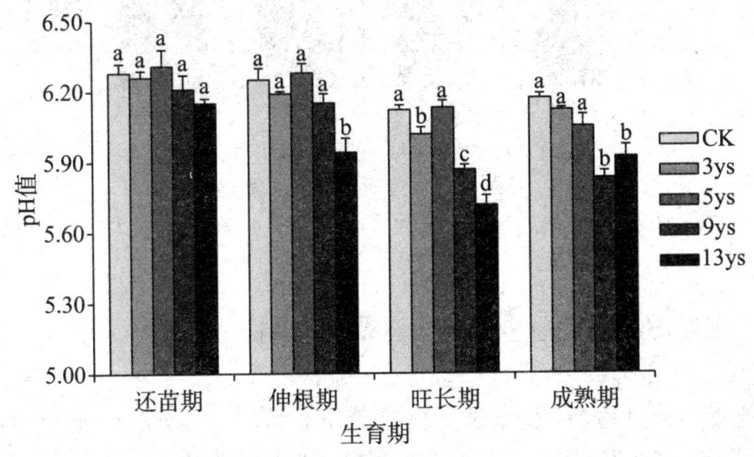

图 2－1　不同处理对烟田土壤 pH 值的影响

注：不同字母表示同一生育期不同处理间差异显著（$P<0.05$）。

2.2.2　连作对烟田土壤有机质含量的影响

土壤中有机质是评价土壤肥力状况的重要指标。如图 2－2 所示，在烤烟生长过程中，土壤中有机质总体呈现先升高后降低的趋势，各处理土壤中有机质含量均在伸根期最高，旺长期开始下降，成熟期达到最低。4 个连作处理土壤有机质含量均低于 CK。在烤烟还苗期各连作处理间有机质含量差异不显著。烤烟伸根期各连作处理有机质含量开始出现不同，3ys、5ys、9ys 和 13ys 有机质含量分别为 18.625 g/kg、19.233 g/kg、16.919 g/kg 和 16.958 g/kg。烤烟旺长期土壤有机质含量随着连作年限的增加持续降低，与 CK（25.536 g/kg）相比，3ys 和 5ys 分别下降了 26.81％和 39.47％；连作 9 年后土壤有机质逐渐保持稳定状态，9ys 与 13ys 差异不明显，在 14.402～14.616 g/kg。

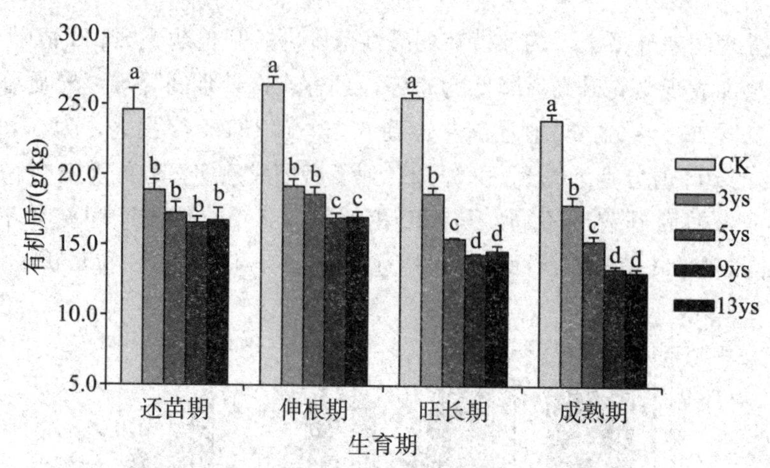

图 2-2　不同处理对烟田土壤有机质含量的影响

注：不同字母表示同一生育期不同处理间差异显著（$P<0.05$）。

2.2.3　连作对烟田土壤全量养分含量的影响

在烤烟生长过程中，氮、磷、钾是其所必需的营养元素。土壤中氮、磷、钾的含量对烤烟生长发育产量、品质等都起着关键作用。图 2-3 展示了不同连作年限下烟田土壤中全氮、全磷和全钾的变化情况。

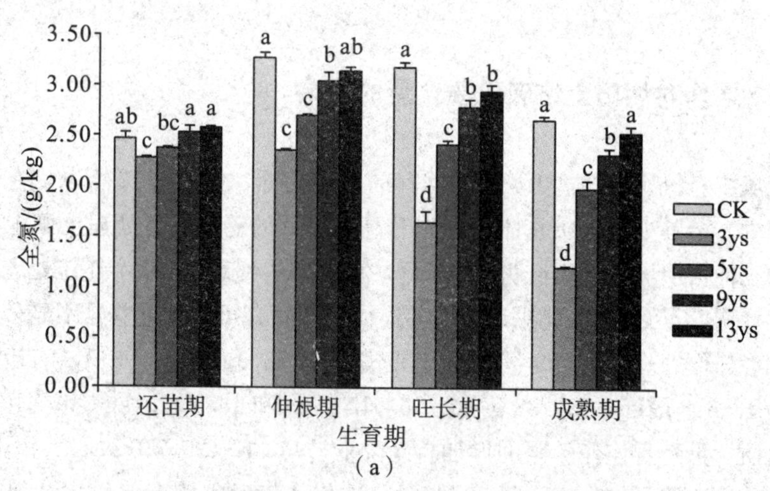

图 2-3　不同处理对烟田土壤全量养分含量的影响

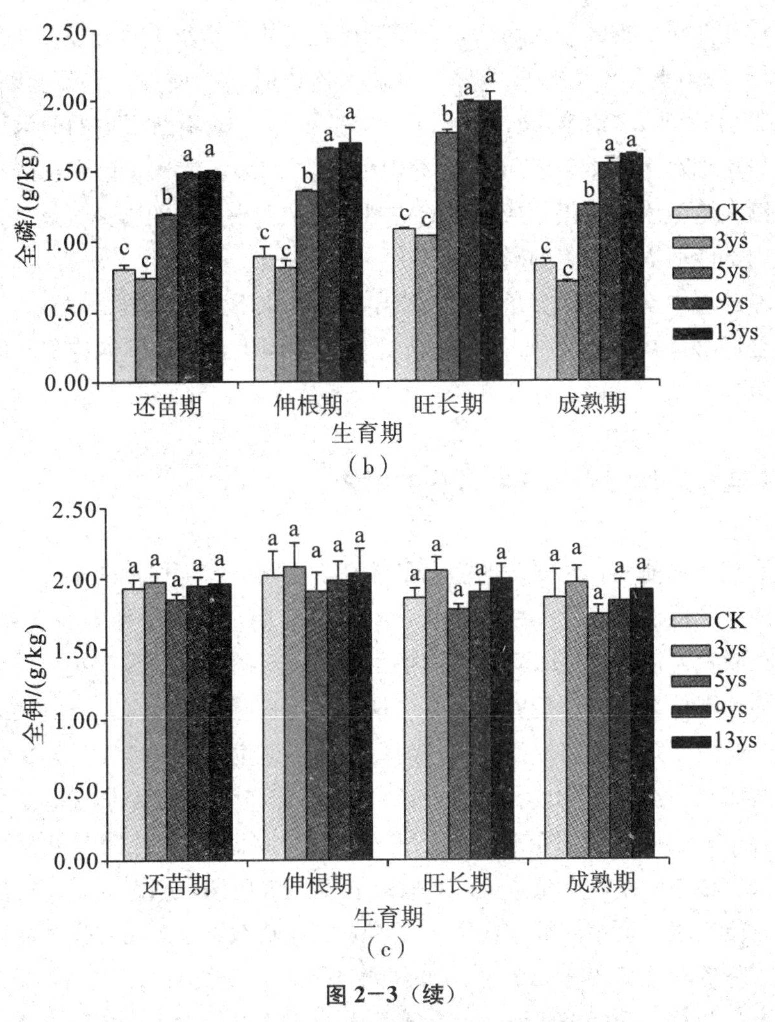

(b)

(c)

图 2-3（续）

注：不同字母表示同一生育期不同处理间差异显著（$P<0.05$）。

土壤中全氮含量与连作年限具有显著的正相关关系。特别是在旺长期，各处理差异较为明显。由图 2-3（a）可知，旺长期 CK 的全氮含量最高，为 3.186 g/kg；3ys 为 1.640 g/kg，3ys 与其他处理相比含量最低。随着连作时间的增加，全氮不断在土壤中富集，5ys、9ys 和 13ys 分别达到 1.985 g/kg、2.797 g/kg 和 2.958 g/kg。CK 中土壤全氮含量高的原因应该是烤烟-豌豆轮作，豆科植物具有固氮作用，增加了土壤中氮的含量。连作处理中全氮不断富集的原因可能是长期连作，烤烟生长势减弱，烟株吸收氮元素的能力降低，导致土壤内全氮含量升高。

在图 2-3（b）中，烤烟连续种植前 3 年，土壤中全磷含量与 CK 差异不显著。连作 3 年后继续种植烤烟，全磷开始在土壤中富集。以旺长期土壤全磷含量为例，3ys 与 CK 无显著差异，但随着连作时间的增长，全磷不断增加。13ys 最高，达到 1.984 g/kg，是 CK 的 1.83 倍。全磷不断增加的原因主要是长期连作烤烟对土壤中营养元素的不均衡吸收，以及当地施肥等农艺措施不当，连续大量施用性质相同或相似的磷肥导致磷在土壤中的富集。此外，这也与土壤内部能够固定较多的磷有关。

连作处理中土壤全钾含量与 CK 相比总体变化不大。如图 2-3（c）所示，各处理全钾含量在 2.042～2.242 g/kg 之间，不同生育期和不同连作年限差异均不显著。

2.2.4　连作对烟田土壤速效养分的影响

在烤烟生长前期，对氮肥的需求量较高，特别是烤烟伸根期至旺长期，需要大量的氮肥以供应叶片的快速生长。到了中后期，叶片发育到一定程度后，需要急速脱氮，以保证适时落黄。烤烟生长过程对硝态氮的吸收更为明显，主要是因为硝态氮易溶解，能够迅速为烤烟提供生长所需的氮素，同时硝态氮又易流失，肥效较短。硝态氮既能促进烤烟叶片快速生长，又能在后期促进叶片脱氮落黄成熟。本研究中［见图 2-4(a)］，各连作处理土壤中硝态氮均在伸根期含量最高；从伸根期至旺长期，烤烟叶片迅速发育，对硝态氮吸收量剧增，导致土壤中硝态氮含量急剧降低；旺长期至成熟期，硝态氮含量依然在降低，但速度变缓。就不同处理而言，连作下土壤硝态氮含量在各生育期均呈现先升高后降低的趋势，5ys 最高，但仍低于 CK。以旺长期为例，CK 的硝态氮含量最高，为 20.780 mg/kg；5ys 的硝态氮含量次之，为 15.257 mg/kg。3ys 最低，为 12.200 mg/kg，仅为 CK 的 58.71％。

烤烟对铵态氮的吸收以铵离子的形式进行。铵态氮易被土壤胶体吸附固定，在土壤中移动性较差，易产生富集。图 2-4（b）显示，各处理土壤中铵态氮含量在还苗期差异不明显，但在旺长期表现出较大的差异。随着连作年限的增加，土壤铵态氮含量有显著增高趋势。3ys 含量最低，仅为 22.210 mg/kg；5ys 为 29.980 mg/kg，但 3ys、5ys 与 CK 相比差异不显著。继续连作，铵态氮在土壤中不断富集，9ys 和 13ys 含量均高于 CK。9ys 为 32.280 mg/kg，13ys 达到 34.520 mg/kg，比 CK 分别增长 15.80％和 23.80％。

烤烟对磷的吸收主要以磷酸盐或偏磷酸盐的形式进行。磷进入烟株体内后大部分被转变为有机磷，但仍有一部分以无机磷的形式存在。本研究中，随着植烟年限的增加土壤中速效磷的含量表现为先升高后降低。如图 2-4（c）所示，烤烟进入旺长期后，3ys 速效磷含量为 13.169 mg/kg，5ys 出现急剧上升，达到 31.656 mg/kg。继续连作，土壤中速效磷含量开始下降，9ys 降到 16.065 mg/kg，13ys 继续下降但幅度较为平缓，为 12.263 mg/kg。与轮作相比，5ys 速效磷含量与 CK 差异不显著，其余处理均比 CK 低，且达到显著水平。

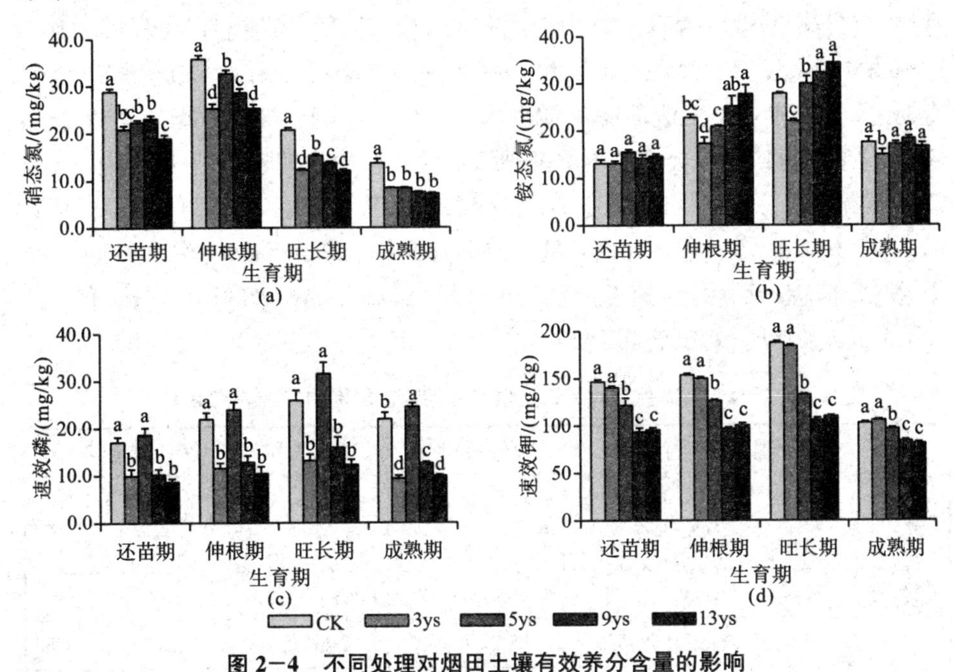

图 2-4 不同处理对烟田土壤有效养分含量的影响

注：不同字母表示同一生育期不同处理间差异显著（$P<0.05$）。

钾是烤烟的品质元素。钾能够增加烟叶的香气味，改善烟叶燃烧性，提高烟叶品质。在烤烟生长中后期，对速效钾的需求量较高。本研究显示，不同种植年限相比，连作 3 年以下的土壤速效钾含量与轮作差异不明显。如图 2-4（d）所示，连作 5 年及以上，各处理土壤中速效钾含量出现显著差异。特别是在旺长期，随着连作时间的增长，土壤中速效钾含量逐渐降低，3ys 速效钾含量为 185.241 mg/kg，与 CK 几乎相等；但 9ys 和 13ys 的土壤速效钾含量分别比 CK 低 43.79%和 41.63%。

2.3 连作对烟田土壤胞外酶活性的影响

土壤胞外酶活性是土壤质量检验的重要生物活性指标，它对土壤生态环境的能量流动与物质循环等方面起着不可替代的作用。蔗糖酶能够把土壤中高分子蔗糖分解成小分子的葡萄糖和果糖，使之更容易被植物和土壤微生物吸收和利用。它与土壤中腐殖质、氮、磷含量和土壤呼吸强度都有着密切联系，因此蔗糖酶常用来评价土壤熟化程度和肥力水平。如表 2−1 所示，在烤烟整个生育期内，3ys 和 5ys 土壤蔗糖酶活性大于 CK，9ys 和 13ys 蔗糖酶活性小于 CK。这说明短期连作会增加土壤蔗糖酶活性，但中长期连作则使土壤蔗糖酶活性不断降低。在烤烟旺长期 3ys 蔗糖酶活性最高，达到 8.233 mg/g/24h；5ys 为 8.030 mg/g/24h，比 3ys 低，但仍高于 CK 20.34%。连作 9 年及以后，土壤蔗糖酶活性迅速降低，9ys 为 5.486 mg/g/24h，13ys 仅为 4.349 mg/g/24h，均显著低于 CK。

表 2−1 不同处理对烟田土壤胞外酶活性的影响（mg/g/24h）

类别	连作处理	还苗期	伸根期	旺长期	成熟期
蔗糖酶	CK	3.707±0.442 bc	4.328±0.256 b	6.673±0.051 b	5.958±0.186 b
	3ys	5.037±0.459 ab	6.628±0.784 a	8.233±0.142 a	8.088±0.255 a
	5ys	5.580±0.627 a	6.933±0.543 a	8.030±0.191 a	7.885±0.198 a
	9ys	3.274±0.477 c	3.882±0.278 b	5.486±0.173 c	5.245±0.568 bc
	13ys	2.623±0.363 c	3.355±0.258 c	4.349±0.425 d	4.070±0.491 c
脲酶	CK	2.866±0.038 a	3.015±0.018 a	3.267±0.080 a	2.983±0.208 a
	3ys	0.932±0.065 c	0.983±0.050 c	1.176±0.025 cd	1.038±0.102 c
	5ys	0.838±0.078 c	0.944±0.019 c	1.019±0.032 d	0.922±0.098 c
	9ys	0.995±0.099 c	1.126±0.098 c	1.240±0.040 c	1.055±0.101 c
	13ys	1.424±0.79 b	1.439±0.165 b	1.545±0.078 b	1.329±0.071 b

续表2－1

类别	连作处理	还苗期	伸根期	旺长期	成熟期
过氧化氢酶	CK	1.375±0.027 a	1.455±0.022 a	1.856±0.013 a	1.633±0.018 a
	3ys	1.388±0.039 a	1.425±0.014 a	1.584±0.005 a	1.306±0.047 bc
	5ys	1.076±0.043 c	1.109±0.043 a	1.287±0.016 c	1.182±0.020 c
	9ys	1.205±0.036 b	1.354±0.068 ab	1.447±0.015 b	1.379±0.055 b
	13ys	1.191±0.017 b	1.283±0.013 b	1.327±0.011 c	1.271±0.067 bc

注：不同字母表示同一生育期不同处理间差异显著（$P<0.05$）。

在土壤中氮素的转化中，脲酶起着关键作用。烤烟各生育期，土壤脲酶活性随连作年限的增加整体呈现稳步增高的趋势（见表2－1），但各连作处理的脲酶活性均低于CK，这与土壤中全氮含量变化基本保持一致。在烤烟还苗期和伸根期，13ys脲酶活性最高，分别为1.424 mg/g/24h和1.439 mg/g/24h；其余3个连作处理脲酶活性低于13ys，但各自差异不显著。旺长期3ys和5ys脲酶活性保持在1.019～1.176 mg/g/24h，在各处理中处于较低水平。继续连作，脲酶活性开始升高，9ys为1.240 mg/g/24h，13ys达到1.545 mg/g/24h。

过氧化氢酶能够促进土壤中过氧化氢的分解，减轻其对土壤的危害。土壤中过氧化氢酶的活性与土壤有机质的转化密切相关，是衡量土壤生物氧化强度的重要指标。表2－1中，各生育期CK和3ys过氧化氢酶活性差异不明显，说明短期连作对土壤过氧化氢酶（Catalase）活性影响不大。但随着连作时间的增加，土壤过氧化氢酶的活性呈现先降低后升高再平缓降低的趋势。特别是在旺长期，各处理差异较大。4个连作处理中，3ys过氧化氢酶活性最高，为1.584 mg/g/24h；5ys迅速降低至1.287 mg/g/24h；连作继续，9ys出现小幅度回升，达到1.447 mg/g/24h；但13ys继续降低，仅为1.327 mg/g/24h，与5ys基本持平。

2.4 连作时间与烟田土壤理化性质、酶活性的相关性

采用Spearman相关分析对连作时间和土壤理化性质、酶活性进行分析，结果如表2－2所示。连作时间与土壤全氮、全磷和氨态氮具有极显著的正相关关系（$P<0.001$），相关系数最大的是全氮（$r=0.941$）。连作时间与脲酶也存在显著的正相关关系（$P=0.013$）。这说明随着连作时间的增长，

土壤全氮、全磷、氨态氮含量和脲酶活性均呈现增加的趋势。连作时间与土壤 pH 值、有机质、硝态氮、速效钾含量和蔗糖酶活性呈现极显著的负相关（$P<0.01$），其中蔗糖酶（$r=-0.928$）和速效钾（$r=-0.82$）的负相关性最显著。

表 2-2　连作时间与烟田土壤理化性质、酶活性的相关性

类别	pH	有机质	全氮	全磷	全钾	硝态氮
r	−0.777**	−0.799**	0.941**	0.885**	0.043	−0.665**
P	0.003	0.002	0.001	0.001	0.894	0.004
类别	氨态氮	速效磷	速效钾	蔗糖酶	脲酶	过氧化氢酶
r	0.928**	−0.259	−0.82**	−0.928**	0.691*	−0.389
P	0.001	0.416	0.001	0.001	0.013	0.212

注：* 和 ** 分别表示在 0.05 和 0.01 水平差异显著。

2.5　连作对烤烟生长发育的影响

2.5.1　连作对烤烟还苗期农艺性状的影响

烤烟移栽后 7 天左右进入还苗期，由于刚刚移植不久，连作尚未对烟株产生影响，各处理间农艺性状无明显差异（见表 2-3）。此期各处理烤烟株高均为 10.800~11.167 cm，茎围 1.632~1.765 cm，有效叶片数在 6 片左右，最大叶面积在 105.272~108.995 cm^2之间。

表 2-3　还苗期烤烟农艺性状

处理	株高（cm）	茎围（cm）	有效叶片数（片）	最大叶面积（cm^2）
CK	10.800±0.346 a	1.700±0.115 a	6.030±0.145 a	108.995±2.220 a
3ys	10.867±0.208 a	1.765±0.067 a	5.930±0.219 a	105.765±6.789 a
5ys	11.167±0.176 a	1.665±0.088 a	5.960±0.120 a	105.272±3.778 a
9ys	10.854±0.231 a	1.632±0.333 a	5.830±0.218 a	108.360±6.307 a

续表2—3

处理	株高(cm)	茎围(cm)	有效叶片数(片)	最大叶面积(cm^2)
13ys	10.925±0.361 a	1.669±0.058 a	5.670±0.088 a	107.070±1.722 a

注：不同字母表示同一生育期不同处理间差异显著（$P<0.05$）。

2.5.2 连作对烤烟伸根期农艺性状的影响

烤烟伸根期烤烟主根、侧根大量生长，开始吸收养分和水分，烟株变高烟茎增粗，新叶不断出现。由表 2—4 可知，在伸根期烤烟各农艺性状较还苗期有较大增加。此期各处理间烤烟茎围和最大叶面积无显著差异，茎围在 3.400～3.669 cm 之间，最大叶面积在 267.460～275.915 cm^2之间。此期 13ys 的株高为 18.27 cm，显著低于其他处理。CK 的有效叶片数显著高于 4 个连作处理，达到 10.90 片；各连作处理间有效叶片数差异不显著。

表 2—4 伸根期烤烟农艺性状

处理	株高(cm)	茎围(cm)	有效叶片数(片)	最大叶面积(cm^2)
CK	20.233±0.939 a	3.669±0.115 a	10.900±0.321 a	275.260±6.974 a
3ys	20.067±1.217 a	3.532±0.120 a	9.830±0.203 b	274.792±5.506 a
5ys	19.872±1.170 a	3.433±0.033 a	9.970±0.273 b	267.460±8.022 a
9ys	20.400±0.551 a	3.400±0.100 a	9.600±0.153 b	274.190±5.493 a
13ys	18.270±1.866 a	3.665±0.033 a	9.630±0.667 b	275.915±4.128 a

注：不同字母表示不同处理间差异显著（$P<0.05$）。

2.5.3 连作对烤烟旺长期农艺性状的影响

到了旺长期，各处理的差异逐渐增大，连作显著影响烤烟旺长期的农艺性状（见表 2—5）。旺长期是烤烟烟株快速增高、叶片快速增大的时期，但长期连作导致烟株生长速度逐渐减慢甚至停止生长发育。就株高而言，CK 和 3ys 株高最高，分别达到 84.133 cm 和 81.967 cm；5ys 次之，为 75.774 cm。继续连作，烤烟出现生长缓慢、植株矮小的状态，9ys 和 13ys 仅分别为 62.633

cm和59.932 cm。烤烟旺长期3ys和CK的茎围差异不显著，但5ys、9ys和13ys茎围分别比CK降低19.39%、30.90%和35.42%。旺长期烤烟有效叶片数和最大叶面积也呈现出随着连作年限的增加逐渐降低的态势，连作13年（13ys）的最大叶面积为447.572 cm^2，仅为连作3年（3ys）和轮作（CK）的一半。

表2-5　旺长期烤烟农艺性状

处理	株高（cm）	茎围（cm）	有效叶片数（片）	最大叶面积（cm^2）
CK	84.133±0.726 a	6.720±0.182 a	18.730±0.384 a	905.280±5.997 a
3ys	81.967±1.161 a	6.475±0.253 a	18.170±0.285 a	903.785±9.475 a
5ys	75.774±1.910 b	5.415±0.256 b	15.170±0.376 b	792.880±5.693 b
9ys	62.633±0.670 c	4.642±0.207 c	13.470±0.088 c	576.182±17.220 c
13ys	59.932±1.462 c	4.340±0.155 c	12.970±0.426 c	447.572±15.609 d

注：不同字母表示同一生育期不同处理间差异显著（$P<0.05$）。

2.5.4　连作对烤烟成熟期农艺性状的影响

由表2-6可知，在成熟期CK和3ys处理的烤烟农艺性状表现为最优。但随着连作年限的增加，烤烟株高显著降低，茎围变细，叶片数量减少，叶面积也不断减小，烤烟生长势逐渐减弱。就株高而言，各处理表现为3ys >CK > 5ys >9ys>13ys，3ys株高达到118.672 cm，是13ys的1.50倍。成熟期连作对茎围的影响更加明显，连作处理中3ys的茎围最大，为8.939 cm；5ys减少为7.500 cm；9ys减小至5.665 cm；13ys最小，仅为5.140 cm。3ys和CK的有效叶片数在22片左右，属于正常的烤烟有效叶片范围。但长期连作导致烤烟有效叶片数不断减少，5ys为18.730片，9ys减少为15.870片，13ys的有效叶片数仅为15.470片。连作下烤烟叶面积也在不断减小，9ys和13ys的最大叶面积仅分别为CK的66.13%和60.69%。

表2-6　成熟期烤烟农艺性状

处理	株高（cm）	茎围（cm）	有效叶片数（片）	最大叶面积（cm^2）
CK	117.967±1.317 a	9.040±0.118 a	21.830±0.260 a	1023.745±8.770 a

续表2-6

处理	株高（cm）	茎围（cm）	有效叶片数（片）	最大叶面积（cm^2）
3ys	118.673±2.051 a	8.939±0.104 a	22.100±0.321 a	1012.820±8.965 a
5ys	97.967±1.541 b	7.500±0.139 b	18.730±0.338 b	967.020±12.148 b
9ys	81.400±0.608 c	5.665±0.249 c	15.870±0.176 c	677.045±14.533 c
13ys	78.675±0.384 c	5.140±0.082 d	15.470±0.145 c	621.352±17.040 d

注：不同字母表示同一生育期不同处理间差异显著（$P<0.05$）。

2.5.5 连作对烤烟产量的影响

产量是衡量土壤生产能力和土壤质量状况最直观的表征。本研究中，连作对烤烟产量有着较大的影响，不同连作年限下烤烟产量存在显著差异。如图2-5所示，各处理中烤烟产量表现为CK≈3ys＞5ys＞9ys＞13ys。轮作（CK）的产量为2425.00 kg/hm^2，3ys为2415.00 kg/hm^2，与CK差距不显著。随着种植年限的延长，烤烟产量降幅越来越大，5ys下降到1742.50 kg/hm^2；9ys为1406.00 kg/hm^2；13ys仅为1171.00 kg/hm^2，比CK和连作3年分别降低51.71%和51.51%。

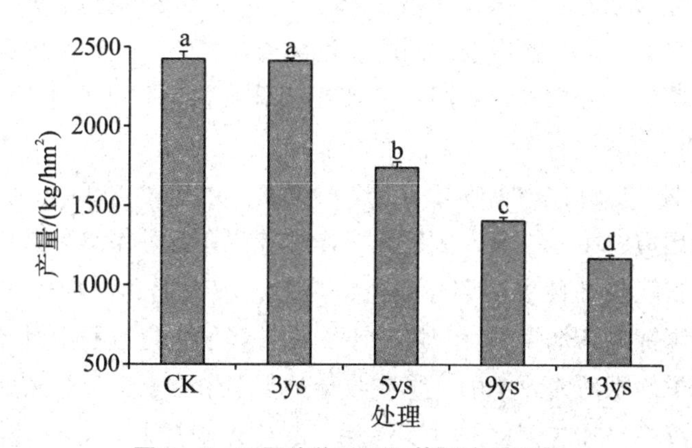

图2-5 不同连作处理下烤烟产量变化

注：不同字母表示同一生育期不同处理间差异显著（$P<0.05$）。

2.6 讨论

2.6.1 长期连作改变了土壤性质

烤烟生长所需的养分、矿质元素等均来自土壤，合理的土壤理化性质是优质烤烟生产的基础。土壤 pH 值对烤烟养分吸收有着强烈的影响。一是对土壤中养分离子的有效性作用影响烤烟对养分的吸收，二是对烟株根细胞的电荷作用间接地影响烤烟对养分的吸收。长期连作会造成土壤酸化，且随着连作年限的增加，土壤酸化程度不断加剧。特别是在烟株根部活动频繁的旺长期，土壤酸化程度更加明显。土壤 pH 值过低，会在一定程度上破坏根部细胞原生质膜的透性而影响根系对土壤养分，不利于烟株的正常生长发育。邓小华等在 2017 年还发现，土壤酸化 pH 值降低，会导致土壤中铝、锰、铁等离子浓度增大对烟株生长产生毒害作用。

在烤烟连作过程中，引起土壤酸化的重要因素之一是氮肥的不合理使用和累积。本研究结果也表明，随着连作时间的增长，4 个连作处理土壤全氮、铵态氮的含量也随之显著积累。土壤中铵态氮过多会降低烤烟根系脱氢酶的活性，影响烟株根系的正常生长。同时，铵离子过多会对烟叶产生毒害作用，降低烟株蒸腾速率，影响光合作用，使烟叶糖分积累量降低，化学成分不协调，品质变差。

钾是烤烟生长过程中吸收最多的一种元素，也是对烤烟品质影响最大的元素。钾对烤烟蛋白质、糖分合成、光合作用等都有促进作用。研究发现，钾含量高的烟叶田间成熟性好，烟叶颜色、身份、燃烧性和吸食性都处于优质水平。土壤中全钾对烤烟生长发育影响不明显。烤烟生育过程中对速效钾的需求巨大，连作下烤烟对速效钾的大量吸收导致土壤中钾素匮乏。长期连作的土壤钾素供应持续不足加之钾素的过度消耗引起烤烟缺钾症，导致烟株生长缓慢，烟叶纤维素含量降低，叶尖、叶缘出现黄绿色斑块，导致烟叶组织坏死。烤烟缺钾症状会因氮素比例增大，特别是土壤中铵态氮的增长而加剧。

对连作烟田理化性质进行研究表明，在常规管理下，连作烟田土壤中全氮、全磷、有机质等均出现不同程度的富集，速效养分含量则不断下降。长期连作，烤烟对土壤中营养进行选择性吸收，导致土壤中某些全量养分日益积聚，而速效养分急剧减少造成了土壤养分的严重不均衡。

土壤中酶活性是土壤肥力和肥效的主要评价标准之一。蔗糖酶直接参与土壤有机物质的代谢过程，能够增加土壤中可溶性营养的含量。蔗糖酶活性大小常用来表征土壤肥力和土壤生化强度。脲酶活性影响着土壤氮素的代谢，直接参与土壤含氮有机物的转化。过氧化氢酶对土壤氧化还原等起着重要作用，其活性与植物根系发育、根部微生物活动等密切相关。本研究结果表明，在连作3年左右的土壤中，蔗糖酶活性大于CK，过氧化氢酶活性CK基本一致，表明短期连作的烟田土壤胞外酶活性不会影响烤烟根部的生长活动，李鑫等在2012年的研究结果也证实了这一点。但随着连作时间的增长，酶活性发生急剧变化。蔗糖酶活性随着连作年限的增加而显著降低，过氧化氢酶活性也呈现不断下降的态势。

2.6.2 长期连作影响了烤烟生长

农艺性状是作物生长发育状况的实时反映，也是形成烤烟产量的物质基础。对不同连作年限下烤烟农艺性质分析发现，在烤烟还苗期和伸根期，连作对烤烟农艺性质无显著影响。烤烟生长还苗期和伸根期，烤烟生长中心主要在地下部分，根系快速发育，此时烤烟生长消耗的营养主要是由烟株在移栽前体内积累的养分，土壤状态对其地上部分生长发育的影响尚未过多体现。

旺长期后，连作对烤烟农艺性状的影响逐渐体现。本研究中，烤烟连作5年以上，植株明显矮化、弱化，有效叶片数和叶面积减小，烟株生长不良甚至停止发育。王峰吉等在2014年对不同年限植烟土壤定位实验的研究发现，随着连作年限的增加，烟株生长受到一定程度的抑制，烟叶株高、茎围、节距等都显著降低，特别是在旺长期烟株农艺性状变差，长势变弱。对同是茄科植物的辣椒的连作研究表明，在肥力充足的情况下，连作依然能够抑制辣椒的生长发育。连作处理下的辣椒生育期延长，且随着连作年限的增加呈增加趋势。在辣椒的生长过程中，各连作处理的辣椒叶面积、株高、茎粗等农艺指标均低于对照（不连作），随着连作年限增加，叶面积、株高、茎粗等呈减少趋势。

作物产量与种植制度和土壤性状密切相关。本研究中，长期连作土壤中速效养分不断降低，烟株吸收养分不足导致产量持续降低。陈继峰等对河南地区烤烟连作调查发现，烤烟连作2年产量与轮作无明显差异，但连作3年后烟叶产量下降9%～24%。长期连作导致烟叶产量严重降低，甚至造成无经济收益。魏全全在2018年的研究表明，在贵州黄壤区，连续种植烤烟引起土壤养分缺失，烤烟叶片明显变小产量下降，所创造的经济效益远低于轮作处理。

2.7 小结

长期连作严重影响土壤养分和酶活性，特别是在烤烟旺长期，不同连作处理下土壤理化性质和酶活性差异显著。本研究发现，烤烟连作下，土壤 pH 值、速效磷呈现先增高后降低的趋势，随着连作时间的增长，土壤不断酸化，连作 9 年及以后的土壤 pH 值已低于优质烤烟要求范围（6.0～7.0）。土壤全氮、全磷、铵态氮含量及脲酶活性与连作年限呈正相关关系，随着连作时间的增长，这 4 个指标的含量不断增加，在土壤中出现累积现象。而土壤中有机质、硝态氮、速效钾和蔗糖酶活性与连作年限负相关，随着连作时间的增长，其含量不断下降，在土壤中处于亏缺状态。过氧化氢酶活性则是随着连作时间的增加呈现先降低后升高再平缓降低的趋势，长期连作（5ys 及以后）过氧化氢酶活性均低于对照。总体而言，连作使土壤中全量养分不断富集，而速效养分则不断下降以至严重亏缺。连作对烤烟生长发育有显著影响。连作抑制烟株生长，长期连作烤烟出现植株矮小、生长发育变缓、生长势变弱等现象。短期连作对烤烟产量影响不大，但连作 5 年后烤烟产量出现大幅度下降，连作 13 年烤烟产量比连作 3 年降低 51.51%。

第3章　连作下烟田土壤细菌群落的变化及共现网络分析

烤烟是忌连作作物，长期连作会导致土壤性质恶化、病虫害频发。但在西南山区由于耕地资源、种植条件和生产成本等因素限制，烤烟种植大多采用连作。连作已成为制约我国烤烟生产可持续发展的主要瓶颈问题。造成连作障碍的原因有很多，土壤微生物种群结构失衡是引起连作障碍的主要因素之一。

细菌占土壤微生物总量的70%以上，是土壤中分布最广、丰度最高的类群。根际土壤中的特定细菌能够促进土壤矿质转化、助推植物根系对土壤营养成分的吸收利用，有助于植物生长发育。不同耕作方式、种植制度、施肥制度等都会影响土壤中细菌群落结构和多样性。烤烟连作不仅可以改变烟田土壤养分含量和酶活性，还会增加烤烟根系自毒物质的分泌，进而对土壤细菌群落结构产生显著影响，甚至引起连作病害的发生，制约土壤生态系统的良性发展。

在土壤生态系统中，各种微生物间相互作用，形成了复杂的网络关系。不同的土壤微生物物种通过共生、互生、寄生、捕食、拮抗等关系相互作用。这些微生物物种间的相互作用是微生物群落多样性的重要组成部分，并影响着土壤生态系统的稳定性。微生物通过相互作用促进着土壤生态系统的物质循环和化学转化。通过对微生物物种相互关系的研究，可以进一步揭示微生物在土壤生态中的作用，加强对微生物的进一步了解。微生物共现网络分析可以为复杂的微生物群落结构提供新的见解。通过分析土壤微生物在网络中的作用，可以揭示微生物群落的共生模式或关系，并可以确定维持微生物群落稳定和运行的关键物种的变化规律。在对野生燕麦（*Avena fatua*）的研究中发现，根际土壤微生物共现网络比根周围土壤要复杂得多，随着燕麦的生长，网络复杂性加剧。Lu 等 2013 年对种植马铃薯的健康土壤与感病土壤中真菌群落的共现网络进行研究。结果表明，两个网络的关键拓扑性质和系统发育组成相似，但健康网络的 OTUs 数量比感病网络的更多。

本研究中，我们假设连作会造成烟田土壤性质改变并对土壤细菌群落造成影响。因此本章有两个目标：一是明确烤烟长期连作下土壤细菌群落丰度、结构组成、多样性变化及其与土壤性质的关系；二是通过构建长期连作和轮作土壤的细菌群落共现网络，探讨连作对土壤细菌群落结构及网络的影响，探寻细菌群落间的相互作用关系及网络结构中的关键微生物。

3.1 试验材料与方法

3.1.1 试验地概况与试验设计

试验地和试验设计同第 2 章。

3.1.2 试验样品采集

2018 年，在烤烟还苗期（5 月 6 日）、伸根期（6 月 1 日）、旺长期（7 月 1 日）和成熟期（7 月 25 日）采用五点取样法分别采集土壤样品。在每个小区随机选取 5 株健壮无病、长势一致的烤烟，铲掉土壤表土后挖出烤烟根系。抖落根系上的较大土块，将附着在根系表面的根际土用刷子轻轻采集，混合 5 株根际土壤为一个样品。将土壤样品装入无菌袋中，放入冰盒带回实验室。将土样去除植物根系、残体等，并过 2 mm 土壤筛，储存在－80℃冰箱中，用于 DNA 提取。

3.1.3 细菌 DNA 提取、PCR 扩增和 Illumina 测序

准确称取 0.5000 g 鲜土，使用 FastDNA © SPIN Kit（MP Biomedicals Co., Ltd., California, USA）试剂盒按照使用说明提取土壤中微生物总 DNA，每个样品重复三次。DNA 浓度用 NanoDrop 2000 分光光度计（Thermo Scientific, Wilmington, DE, USA）测定，用 1%琼脂糖凝胶电泳检验其质量和完整性。

用引物 341F（5′－CCTACGGGRSGCAGCAG－3′）和 806R（5′－GGACTACVVGG TATCTAATC－3′）对质检合格的 DNA 进行 PCR 扩增（Wang et al. 2009），扩增区域选择为 V3～V4 区。PCR 反应体系为：15 μL 2

×KAPA Library Amplification ReadyMix，正反引物（10 μM）各 1 μL，template DNA 50 ng，加 Nuclease-free H_2O 补齐 30 μL。

PCR 产物用 2%琼脂糖凝胶电泳检测。PCR 产物切胶回收使用 AxyPrep DNA 凝胶提取试剂盒。文库定量采用 Qubit 2.0（Invitrogen，U. S.）进行。根据数据量要求，对 PCR 产物进行相应比例的混合。

双末端测序利用 HiSeq/MiSeq 平台 PE250 策略（Illumina，Inc.，CA，USA）进行。用 PANDAseq 软件（https://github.com/neufeld/pandaseq，version 2.9）通过重叠关系进行拼接，获得高变区的长 reads。本研究中，16S rRNA 序列长度被控制在 220～500 bp，每条 reads 的平均质量值在 20 以上，且含 N 数不多于 3 个。对相似度 97% 的 OTUs 聚类，并使用 Userach（version 7.0.1090）鉴定和移除嵌合体序列。为避免样品测序数据大小不同造成分析的偏差，利用最小抽平法对 OTU 数据进行标准化抽平。对抽平后的数据进行细菌群落多样性分析。

本研究所得的细菌序列提交至 National Center for Biotechnology Information（NCBI）数据库，登录号为 SRP241328。

3.1.4 细菌荧光定量 PCR 分析

使用 Biosystems QuantStudio 7 Real-Time PCR 系统（Life Technologies Inc.，USA），通过绝对荧光定量 PCR 技术检测细菌 16S rRNA 基因的拷贝数。引物选择 341F（5′- CCT ACG GGA GGC AGC AG-3′）和 797R（5′-GGA CTA CCA GGG TAT CTA ATC CTG TT -3′）（Nadkarni et al. 2002）。每次 PCR 均纳入双蒸水无模板对照和 Ct 值已知的阳性对照。PCR 反应体系共 20 μL，包括 2×TB GreenPremix Ex TaqII（Tli RNaseH Plus）10 μL，正反引物（10 μM）各 0.5 μL，BSA 1 μL，ROX Reference Dye Ⅱ 0.4 μL，template DNA（10-50 ng）2 μL，补 Nuclease-free H_2O 至 20 μL。反应程度为 95℃预变性 10 min，95℃变性 15 s，53℃退火 30 s，最后 72℃延伸 45 s，共计 40 个循环。反应扩增效率为 91.19%，R^2 为 0.992。

3.1.5 微生物多样性分析

使用 Mothur 计算微生物群落多样性。α 多样性通过 Shannon 指数、Simpson 多样性指数和 Chao1 指数来进行评价。利用 weighted and unweighted

UniFrac 距离矩阵进行β多样性估计和系统发育群落比较。用非度量多维尺度（NMDS）对土壤样品间的聚类关系进行说明。基于 Bray－Curtis 距离的主坐标分析（PCoA）来检验不同连作处理间差异的显著性。通过 Mantel 检验来确定土壤性质与真菌群落结构之间的相关性。土壤性质与土壤微生物 OTUs 之间的关系用冗余分析（RDA）进行评价。

用 IBM SPSS 19.0 软件进行方差分析、Tukey's 检验、Duncan 检验，以及微生物群落α多样性与土壤性质间的 Spearman 相关分析。用 R 语言 V3.20 版本统计环境的"Vegan"包进行非度量多维尺度分析、主坐标分析、冗余分析和 Mantel 检验。

3.1.6 微生物共现网络构建与分析

使用分子生态网络分析网站（http://ieg2.ou.edu/MENA）分别构建连作和轮作处理下烟田土壤的微生物群落共现网络。计算 OTUs SRA 矩阵、土壤变量矩阵和 OTUs 注释文件，用 MENA 网站对 SRA 矩阵构建网络。每个网络可以分割成几个不同关联程度的模块。网络的拓扑性质由平均度（avgK）、平均路径长度（avgGD）、平均聚类系数（avgCC）和模块性（Modularity）来表征。平均度是指一个节点与其他节点间的连接数量。平均路径长度是两个节点间的平均距离。平均聚类系数是反映两个相邻节点间的连接程度。模块性是衡量网络组成明确界限的模块的程度。选择同一阈值（0.9）对网络拓扑性质进行比较分析。构建 100 个关联随机网络（Randomly rewired networks），对共现网络进行 Z 测验，来检测网络指标的统计显著性。

在网络中，不同的 OTU（节点）有着不同的作用。网络的拓扑结构由两个参数定义，即模块内连通性（Zi）和模块间连通性（Pi）。模块内连通性（Zi）衡量一个节点与同一个网络中其他节点的连接情况，Zi 值越大说明其在模块中的作用越大。模块间连通性（Pi）衡量一个节点与其他模块的连接情况，Pi 值越大，说明其与其他模块的关系越密切。根据 Zi 和 Pi，可以将节点分为四类：①外围节点（Peripherals，Zi 和 Pi 均较低）；②连接器（Connectors，Zi 低而 Pi 高）；③模块枢纽（Module hubs，Zi 高而 Pi 低）；④网络枢纽（Network hubs，Zi 和 Pi 均较高）。其中，连接器（Connectors）、模块枢纽（Module hubs）和网络枢纽（Network hubs）是共现网络中的关键微生物。

用 Cytoscape 3.3.0 软件绘制细菌共现网络图，将网络可视化。所绘制的网络图是用具有正负交互作用的不同 OTUs 来表示的。正交互作用表示 OTUs 丰度在不同土壤样品中沿相同趋势变化，负交互作用表明 OTUs 丰度在不同土壤样品中沿相反趋势变化。

3.2 连作对烟田土壤细菌群落丰度和群落组成的影响

3.2.1 连作对烟田土壤细菌群落丰度影响

如图 3−1 所示，轮作（CK）条件下，烟田土壤细菌绝对丰度为 1.531×10^{10} g/(dry soil)。与 CK 相比，连作使烟田土壤细菌丰度下降，且随着连作年限的增长，细菌丰度下降趋势更加明显。连作 3～9 年（3ys、5ys、9ys），土壤细菌丰度为 $1.101\sim1.209\times10^{10}$ g/(dry soil)。连作 13 年（13ys）土壤细菌丰度达到最低 [0.926×10^{10} g/(dry soil)]，仅为 CK 的 60.50%。

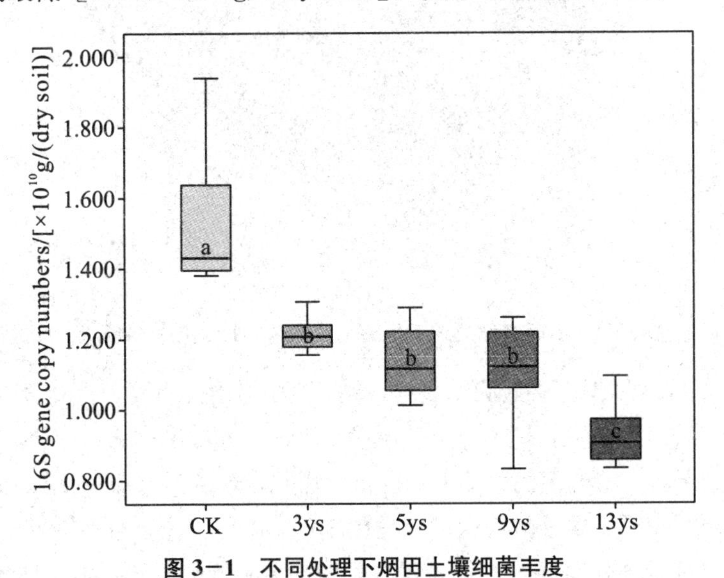

图 3−1 不同处理下烟田土壤细菌丰度

注：不同小写字母表示在 $P<0.05$ 水平显著差异。

3.2.2 连作对烟田土壤细菌群落组成影响

采用 Illumina MiSeq 高通量测序法对 5 个处理细菌群体进行测序。通过对测序数据的质量控制与筛选，所有样品共获得 546308 条优化序列。每个样本有 34383～38828 条优化序列（平均 36420 条）、254269712 个优化碱基数，平均序列长度 465 bp。将获得的数据在 97%相似水平上进行聚类，将其中的 Singletons 过滤掉，共得到 2874 个 OTUs。通过 Venn 图显示，5 个处理中共享 475 个 OTUs（如图 3-2 所示），表明每个处理中都存在相似的细菌群。此外，各处理中存在不同数量的共有和独特的 OTUs，说明不同处理土壤虽然有相似的细菌种类，但细菌群落组成各不相同。

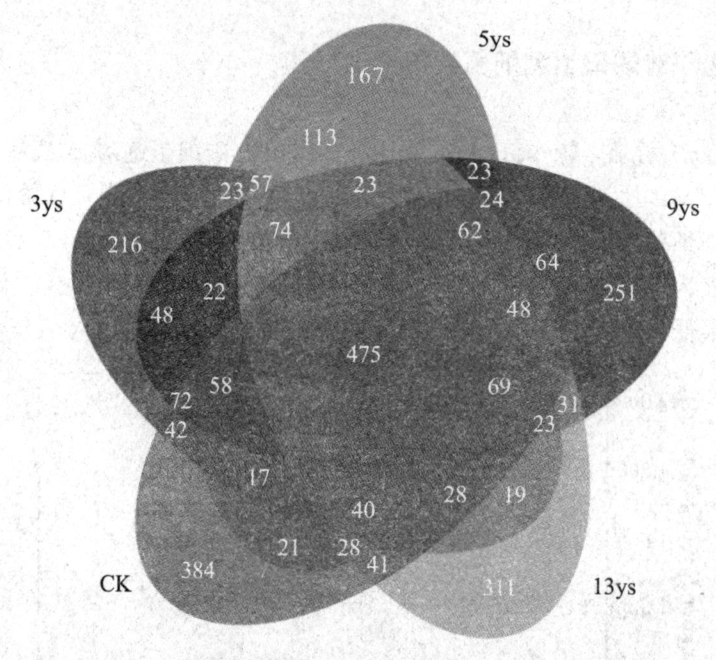

图 3-2　不同连作处理下烟田土壤细菌 OTUs 组成 Venn 图

在所有 OTUs 中，共检测得到 28 个门、70 个纲、177 个目、310 个科和 565 个属。在所有处理中，变形菌门（Proteobacteria）、酸杆菌门（Acidobacteria）、绿弯菌门（Chloroflexi）和髌骨细菌门（Patescibacteria）占 64.42%～82.09%，属于优势菌门［见图 3-3(a)］。4 个连作处理中，变形菌门相对丰度随着连作时间的增加呈现出先增加后降低的趋势，但总体均低于轮作（CK）。CK 的变性菌门相对丰度为 57.37%，3y 为 45.01%，5ys 上升到 49.97%。继续连作，变形菌相对丰度开始降低，9ys 为 45.84%；13ys 下降到 27.71%，仅为 CK 的一半左右。绿弯菌门和髌骨细菌门的相对丰度与连作时间呈负相关，随着连作时间的增长，其相对丰度均不断降低，13ys 达到最低。而酸杆菌门的相对丰度则随着连作时间的增长而不断增加。轮作处理

(CK) 中酸杆菌门的相对丰度为 8.05%；连作 3 年 (3ys) 相对丰度为 8.24%，连作 5 年 (5ys) 与 3 年差异不大，为 8.76%。而到了第 9 年 (9ys)，酸杆菌门的相对丰度出现大幅度上升，达到 22.04%；连作 13 年 (13ys) 上升到 32.33%。

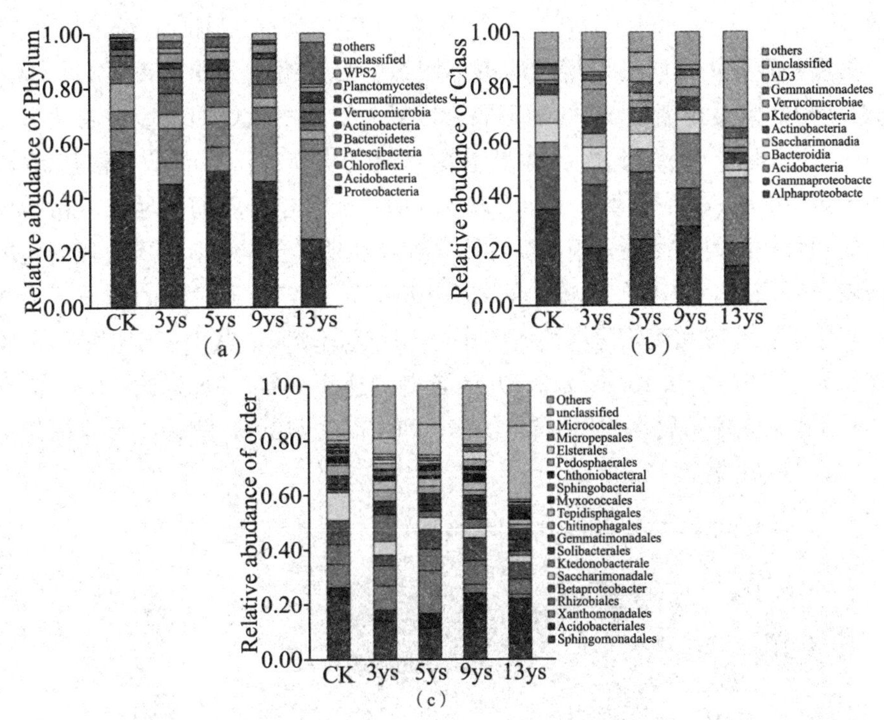

图 3-3 不同处理中土壤细菌群落在门 (a)、纲 (b) 和目 (c) 水平的相对丰度

在纲水平，优势纲为 α 变形菌纲 (Alphaproteobacteria)、γ 变形菌纲 (Gammaproteobacteria) 和酸杆菌纲 (Acidobacteria) [图 3-3(b)]。连作处理中，α 变形菌纲和 γ 变形菌纲相对丰度均随着连作时间的增加而呈现先升高后降低的趋势。α 变形菌纲细菌在 9ys 相对丰度最高 (28.66%)。而 γ 变形菌纲相对丰度在 5ys 达到最高 (24.71%)。酸杆菌纲相对丰度则随着连作时间的增加而增加，3ys 相对丰度最低，仅为 6.19%；13ys 则最高，为 24.01%。有意思的是，轮作处理含有较丰富的糖化菌纲 (Saccharimonadia) (10.29%)，为连作 3 年的倍 2.06，连作 13 年的 4.11 倍。

在目水平 [图 3-3(c)]，鞘脂单胞菌目 (Sphingomonadaceae) 的相对丰度在 CK 中最高，达到 23.00%。而在连作处理中鞘脂单胞菌目的丰度随连作时间的增加不断下降，3ys 的相对丰度为 13.95%，13ys 仅为 5.65%。酸杆菌目 (Acidobacteriales) 细菌相对丰度随连作时间增加呈现出 CK < 3ys < 5ys

< 9ys < 13ys 的态势，连作 13 年的烟田土壤中酸杆菌目细菌是轮作的 4.84 倍，是连作 3 年的 4.01 倍。本研究中黄单胞菌目（Xanthomonadales）的相对丰度呈现先增加后降低的趋势，CK 和 3ys 差异不大，为 8%左右；5ys 达到最高 15.77%，9ys 黄单胞菌科的相对丰度急剧下降至 3.23%，13ys 继续下降为 1.57%。

为进一步分析不同连作年限烟田土壤细菌群落组成差异，利用 Heatmap（见图 3-4）聚类排名前 30 的细菌属。结果表明，不同处理土壤细菌种类不同。轮作（CK）中优势属为鞘脂单胞菌属（*Sphingomonas*）、鞘脂菌属（*Sphingobium*）和竹杆菌属（*Chujaibacter*）。随着连作时间的增长，鞘脂单胞菌属和竹杆菌属丰度逐渐下降。在烤烟连作初期，土壤中基本不含亚硝化单胞菌属（*MND1*）和硝化螺菌属（*Nitrospira*）。随着连作时间的增长，土壤中亚硝化单胞菌属和亚硝化螺菌属的相对丰度逐渐增高。其中亚硝化单胞菌属在连作 9 年（9ys）和 13 年（13ys）的含量为连作 3 年（3ys）的 14.46 倍和 20.96 倍，硝化螺菌属在连作 9 年（9ys）和 13 年（13ys）的含量为连作 3 年（3ys）的 11.71 倍和 17.33 倍。

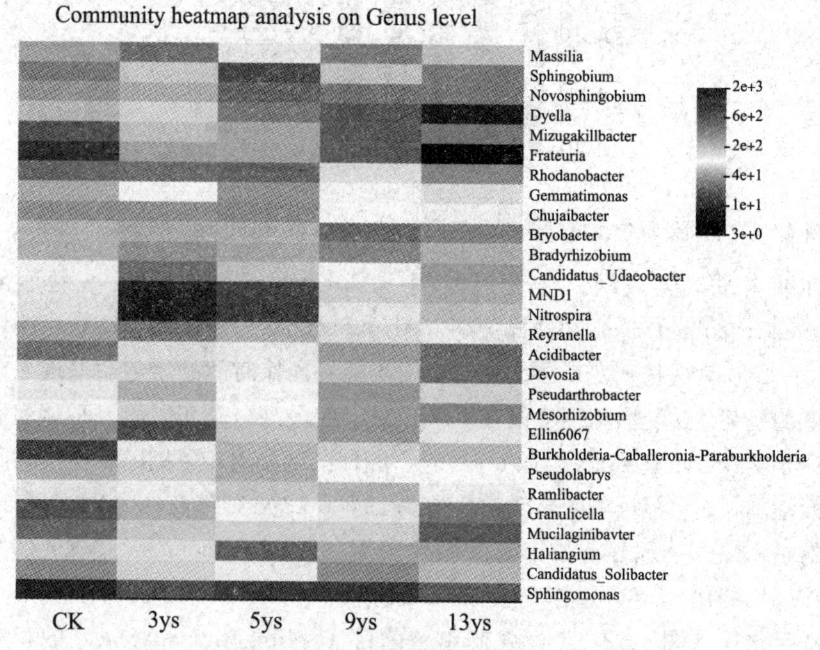

图 3-4　不同处理中土壤细菌群落属水平 Heatmap 图

3.3 连作对烟田土壤细菌群落多样性的影响

3.3.1 连作对烟田土壤细菌群落α多样性的影响

在0.01显著性水平下估算细菌群落的α多样性，包括Shannon指数、Simpson多样性指数和Chao 1指数。由表3-1可知，各处理的覆盖率均达到97.4%以上，说明只有少数序列未被检测到。

表3-1 不同连作处理下细菌群落的α多样性

Sample	Shannon	Simpson	Chao 1	Coverage
CK	5.684±0.0180 a	0.993±0.003 a	1110.445±36.412 a	0.977±0.001
3ys	5.777±0.045 a	0.993±0.000 a	1073.971±15.299 b	0.978±0.001
5ys	5.594±0.013 b	0.991±0.001 b	1083.744±23.356 ab	0.976±0.001
9ys	5.459±0.067 c	0.986±0.001 c	1035.202±35.702 c	0.974±0.001
13ys	5.410±0.012 c	0.988±0.000 c	1010.344±31.65 c	0.974±0.001
P value	0.001**	0.002**	0.04*	0.078ns

注：**：$P<0.01$条件下具有极显著差异；*：$0.01<P<0.05$条件下具有显著差异；ns：无差异。不同字母表示不同处理间存在显著差异。

Shannon指数和Simpson多样性指数反映了各样本物种的多样性，值越大，则表明细菌多样性越高。总体而言，轮作处理与连作处理的Shannon指数和Simpson指数均存在极显著差异（$P<0.01$），且这两个指数在各连作处理内也存在不同程度的差异性（见表3-1）。在烤烟短期连作中（3ys），Shannon指数和Simpson指数分别是5.777和0.993，与轮作（CK）差异不显著。但随着连作时间的增长，Shannon指数和Simpson指数不断下降。就Shannon指数而言，在连作9年（9ys）达到最低，为5.459；之后继续连作至13年（13ys），Shannon指数缓慢上升至5.684，但与9ys差异不显著。Simpson指数在连作9年（9ys）为0.986，连作13年（13ys）为0.988，9ys和13ys差异不显著，均达到最低值。

而Chao 1指数则代表样品物种丰度，Chao 1指数越高，细菌群落的丰富度越高。由表 3-1 可知，CK 的 Chao 1 指数为 1110.445，高于其他处理，且与其他处理均呈现显著差异（$P<0.05$）。随着连作年限的增加，各处理 Chao 1 指数呈现下降趋势，13ys 达到最低，仅为 1010.344。

综上所述，本研究表明，CK 的细菌多样性高于 4 个连作处理，连作显著降低了细菌的多样性，且随着连作时间的增长，细菌多样性不断降低。

采用 Spearman 相关系数分析细菌群落 α 多样性与土壤性质的关系。结果如图 3-5 所示，细菌 Shannon 多样性与土壤中全磷和铵态氮存在极显著负相关（$P<0.01$）；Simpson 多样性与土壤中有机质存在显著正相关关系（$P<0.05$），与全磷和铵态氮是显著负相关关系（$P<0.05$）；而细菌 Chao1 指数则与土壤 pH 值和硝态氮呈显著正相关（$P<0.05$）。

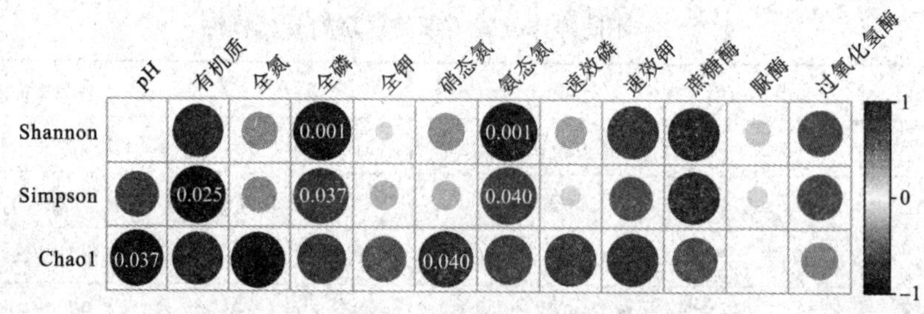

图 3-5　细菌 α 多样性与土壤性质的关系

3.3.2　连作对烟田土壤细菌群落 β 多样性的影响

用非度量多维尺度（NMDS）对细菌 β 多样性进行分析，比较不同连作年限土壤细菌群落结构组成的差异［见图 3-6(a)(b)］。结果表明，无论是 weighted Unifrac 或 unweighted Unifrac 距离，各处理土壤细菌群落均能够较好地分开，说明不同连作时间下细菌群落系统发育组成和构成差异较大。

主坐标分析（PCoA）是对一系列特征值和特征向量进行排序，在多维数据中提取出最主要的结构与元素的方法。物种组成结构越相似，则样品距离越近。因此，对细菌群落进行 PCoA 分析，群落中结构相似的样品更加倾向于聚集在一起，而结构差异较大的样品则会被分开。主坐标分析（PCoA）结果表明［图 3-6（c）］，5 个处理细菌结构差异显著（$R^2=0.8078$，$P=0.001$）。5 个处理细菌群落均能够很好地分开，土壤细菌群落结构的 29.26%能被 PC1 轴解释，22.3%能被 PC2 轴解释。

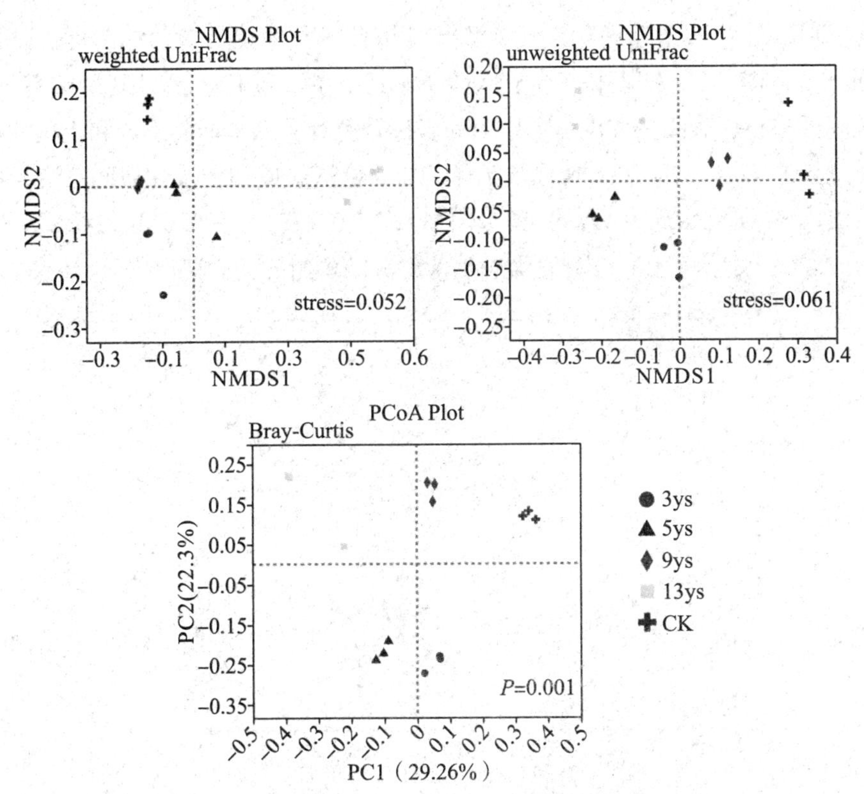

图 3-6 基于加权（a）和非加权（b）UniFrac 距离的土壤细菌群落 NMDS 分析，以及基于 Bray-Curtis 的细菌群落主坐标分析（c）

用 Mantel 分析细菌 β 多样性和土壤性质的关系。结果如表 3-2 所示，pH（r=0.544，P=0.001）、Ava-K（r=0.157，P=0.046）和 Sucrase（r=0.318，P=0.043）是决定细菌系统发育结构变异的主要因素。

表 3-2 细菌 β 多样性和土壤性质的 Mantel 分析

类别	pH	有机质	全氮	全磷	全钾	硝态氮
r	0.544**	−0.061	−0.034	0.106	0.121	0.046
P	0.001	0.801	0.873	0.176	0.257	0.783
类别	氨态氮	速效磷	速效钾	蔗糖酶	脲酶	过氧化氢酶
r	0.133	−0.008	0.157*	0.318*	0.016	0.033
P	0.282	0.926	0.046	0.043	0.934	0.804

注：* 代表在 0.01<P<0.05 水平存在显著差异，** 代表在 P<0.01 水平存在极显著差异。

从 5 个处理的细菌群落中选取占总数 87.62%的 7 个优势细菌门，用冗余分析（RDA）检验土壤理化性质、酶活性等性质与细菌群落的相关性。结果见图 3−7。图 3−7 中射线表示土壤性质，箭头的长度代表的是其影响程度，射线间的夹角代表相关程度。图中第一坐标轴解释了细菌群落组成和土壤性质间总变异的 77.08%，第二坐标轴解释了细菌群落组成和土壤性质间总变异的 10.79%。本研究结果表明，土壤 pH 值（R^2=0.729，P=0.011）和 Ava−K（R^2=0.561，P=0.01）含量是影响细菌群落结构组成的重要因素。

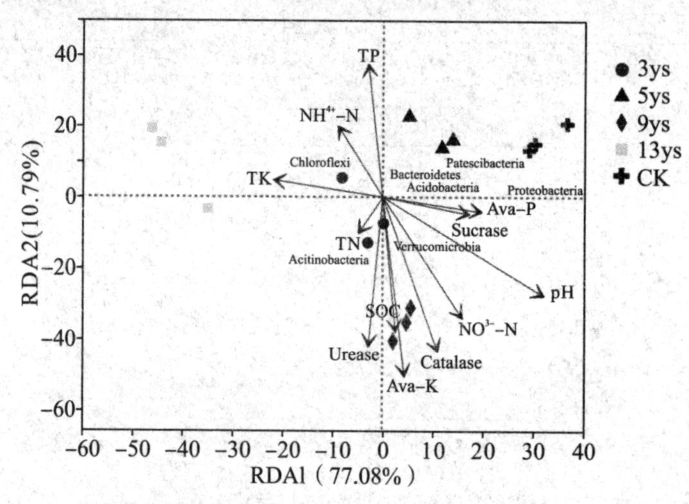

图 3−7　土壤性质与细菌群落结构的冗余分析

3.4　连作和轮作处理下细菌群落共现网络分析

目前，对连作土壤微生物共现网络变化的研究还较少，不同微生物种类之间的复杂相互作用以及因连作障碍而改变的关键微生物尚不清楚。在对不同连作年限下烟田土壤和微生物分析结果显示，土壤细菌群落在连作 9 年时发生明显变化。本研究利用烤烟连作 9 年和烤烟−豌豆轮作两个处理的实验数据，构建和分析连作（TCC）与轮作（TPR）处理的土壤细菌共现网络。

3.4.1　土壤细菌群落结构比较

通过 16S rRNA 高通量测序技术对 TCC 和 TPR 土壤细菌进行测序（见表 3−3），分别获取 36002 和 36968 条有效数列，平均序列长度在 465～467 之间。在97%的水平上分别获得1688和1803个OTUs。在系统分类上，TCC检测到20个门、51个纲、125个目、208个科和381个属；TPR检测到24个门、53个纲、142个目、244个科和432个属。变形菌门（Proteobacteria）、酸杆菌门（Acidobacteria）、绿弯菌门（Chloroflexi）、髌骨细菌门（Patescibacteria）、拟杆菌门（Bacteroidetes）、放线菌门（Actinobacteria）和疣微菌门（Verrucomicrobia）是连作和轮作处理的优势菌门，占总序列的90%以上。

表3-3 土壤样品测序数据评估

处理	有效序列（条）	平均序列长度（bp）	GC（%）	Q20（%）	Q30（%）	Effective（%）
TCC	36002	465.4	55.49	97.19	91.96	55.49
TPR	36968	466.9	54.70	97.59	92.91	54.70

注：GC为碱基中G类和C类碱基所占比例，Q20为质量大于20的碱基，Q30为质量大于30的碱基，Effective为有效序列在双端序列中的比例。

3.4.2 连作和轮作处理的网络结构与网络组成

分别构建TCC和TPR处理的细菌共现网络图。TCC网络共由55个节点和465条边组成［见图3-8(a)］，TPR网络由74个节点和889条边组成［见图3-8(b)］。TPR的节点数和边数均高于TCC，说明轮作比连作具有更大规模的网络。两个网络均包含2个模块。由图3-8（b）可知，在TPR处理中，大多数节点在一起聚合成一个大模块，各个节点间交互密切。有74.2%的节点与其他节点间正向交互。研究表明，正向交互作用反应物种间的促进作用，包括共生、互生、相互促进、相互合作等，而负向交互则体现出物种间的捕食、拮抗、相互排斥等关系。TPR中大部分是正向交互，表明轮作处理的土壤细菌群落通过不同物种间的协同作用而形成了紧密的网络。而TCC处理中，有52.5%的节点是负向交互作用，说明在连作中不同物种间存在更多的竞争或者拮抗作用。

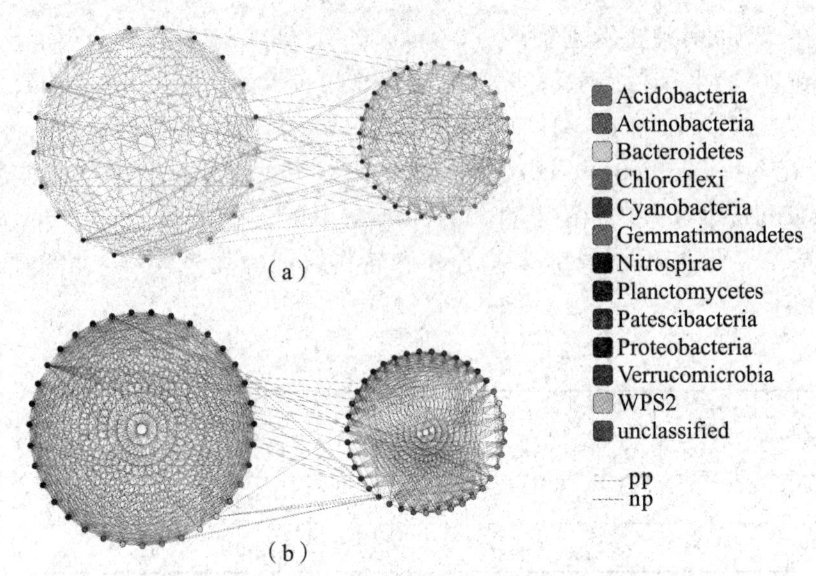

图 3-8　烤烟连作（a）和轮作（b）土壤细菌群落共现网络

注：不同节点表示不同的细菌门。

在 TCC 和 TPR 网络中，节点主要由变形菌门（Proteobacteria）、酸杆菌门（Acidobacteria）、拟杆菌门（Bacteroidetes）、疣微菌门（Verrucomicrobia）、浮霉菌门（Planctomycetes）、芽单胞菌门（Gemmatimonadetes）、放线菌门（Actinobacteria）和绿弯菌门（Chloroflexi）等构成（见图 3-9）。TPR 处理中的变形菌门、疣微菌门、放线菌和绿弯菌门的相对丰度均高于 TCC 处理，而酸杆菌门、拟杆菌门、浮霉菌门和芽单胞菌门的相对丰度则低于 TCC 处理。整体而言，连作和轮作土壤细菌群落相对丰度具有较大差别，轮作土壤细菌群落相对丰度更加丰富。

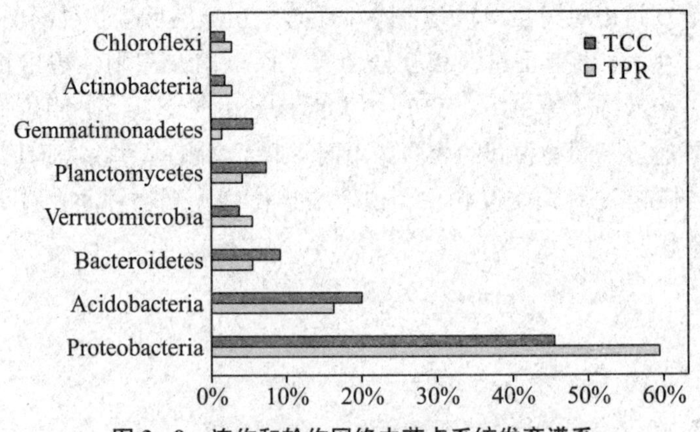

图 3-9　连作和轮作网络中节点系统发育谱系

3.4.3 连作和轮作处理的网络拓扑性质和网络拓扑结构

两个处理的细菌群落共现网络拓扑性质如表3-4所示。在相同的阈值下，建立的共现网络参数在连作和轮作处理下具有很大区别。TCC的平均度（avgK）为16.090，TPR高于TCC，为24.027，说明TPR网络中一个节点与其他节点间的连接数量更多，网络更复杂。在两个网络的所有节点平均路径长度（avgGD）方面，TCC为2.308，TPR为2.454，说明TPR网络中节点间的连接程度高于TCC网络。TPR的平均聚类系数（avgCC）也高于TCC，说明在TPR处理中，相邻节点的连接程度更高，节点更容易聚到一起。总体而言，TPR处理中OTUs连接更加密集，结构比TCC更紧密、更复杂。

表3-4 连作和轮作土壤细菌网络拓扑性质

处理	节点数	边数	阈值	平均度	平均路径长度	平均聚类系数	模块性
TCC	55	465	0.9	16.909	2.308	0.762	0.814
TPR	74	889	0.9	24.027	2.454	0.911	0.858

两个处理的网络模块性均高于0.8（见表3-4），均具有很好的网络结构。此外，两个处理的共现网络的平均路径长度、平均聚类系数均高于随机网络（见表3-5），说明两个处理的网络凝聚性是很有意义的，群落中物种并非随机的交互。

表3-5 连作和轮作土壤细菌群落随机网络

处理	平均路径长度	平均聚类系数	模块性
TCC	1.704±0.003	0.331±0.008	0.619±0.018
TPR	1.678±0.002	0.384±0.004	0.613±0.019

计算两个处理土壤细菌群落共现网络的模块内连通性（Zi）和模块间连通性（Pi），结果如图3-10所示。TCC中96.4%的OTUs和TPR处理中94.5%的OTUs都属于外围节点（peripherals，Zi≤2.5，Pi≤0.62），节点连接数大部分都分布在模块内部。在TCC网络中，有个2节点属于连接器（connectors，Zi≤2.5，Pi>0.62），没有模块枢纽（module hubs，Zi>2.5，Pi≤0.62）和网络枢纽（network hubs，Zi>2.5，Pi>0.62）。这表明，在连作网络中，OTUs节点分布与某些模块间相连。在TPR网络中，有个2节点

属于连接器，2 个节点属于模块枢纽，没有网络枢纽。在 TPR 网络中，模块内部与许多节点高度相连，模块间也表现出高度相连，但模块连接器节点和模块枢纽节点没有重叠。总的来说，TPR 网络有更多的节点在自身模块内及模块间与其他节点进行连接，形成了更加稳定、有序、高效的网络。

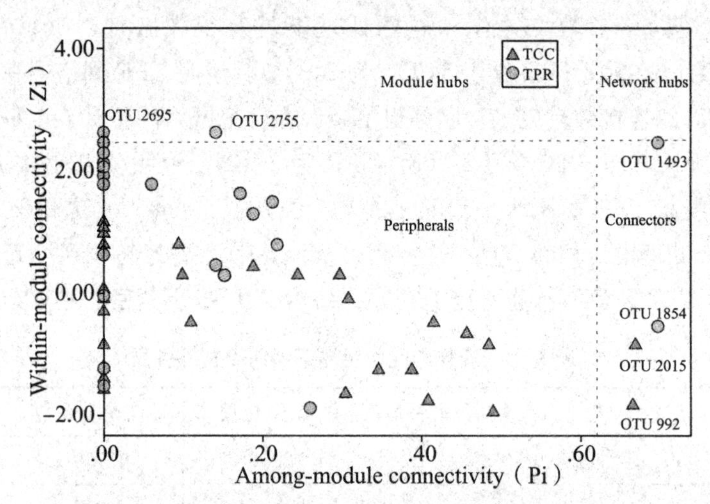

图 3−10　基于拓扑结构的连作与轮作土壤细菌群落分布

3.4.4　连作和轮作网络中的关键微生物

在共现网络中，处于连接器、模块枢纽和网络枢纽的节点是促进不同物种间能量、信息和物质交换的关键微生物，在维持微生物群落平衡中发挥着重要作用。如图 3−10 所示，在本研究中，TCC 网络中有 2 个关键 OTUs，分别是 OTU992 变形菌门伯克氏菌属（*Burkholderia*）和 OTU2015 酸杆菌门全噬菌属（*Holophaga*）。伯克氏菌中大多数成员为植物病原细菌，通过土壤侵染植物根系，给植物生产带来巨大损失。全噬菌是喜酸性细菌，能够在缺氧或微氧条件下降解纤维素产生醋酸和氢，并能够在植物残体降解中起到重要作用。

TPR 网络中有 4 个关键 OTUs，分别是 OTU1854、OTU1493 变形菌门鞘脂单胞菌属（*Sphingomonas*）、OTU2695 变形菌门黄杆菌科（Xanthobacteraceae）、OTU2755 酸杆菌门酸杆菌科（Granulicella）。鞘脂单胞菌具有较强的代谢能力，具有清理土壤毒素的作用。黄杆菌科细菌经常与植物根系共生，并具有固氮作用。两个网络中的关键 OTUs 不同，说明不同耕作方式会影响土壤细菌的繁殖和生长。连作下，土壤中病原菌伯克氏菌作为关键微生物会严重影响烤烟植株的生长发育。而轮作中，鞘脂单胞菌、黄杆菌等作为关键微生物则能够不断清理土壤中有毒物质，固定土壤氮素等促进植物生长。

3.5 讨论

3.5.1 不同连作处理对烟田土壤细菌群落的影响

本研究发现，轮作下烟田土壤细菌丰度远高于连作。就连作而言，中短期连作（3ys、5ys）细菌丰度出现下降，但波动不大，长期连作则大大降低了细菌的丰度。产生这种情况的主要原因应该是土壤酸化导致细菌丰度下降。Rousk 等在 2009 年研究发现，当细菌生活环境的 pH 值不断降低时，细菌生长速度逐渐变缓，甚至停止。土壤酸化破坏了土壤细菌群落的生态平衡，改变了土壤细菌原有的生境条件，从而导致细菌丰度不断下降。

各处理中细菌变形菌门（Proteobacteria）、酸杆菌门（Acidobacteria）、绿弯菌门（Chloroflexi）和髌骨细菌门（Patescibacteria）最丰富。大量研究结果表明，变形菌门和酸杆菌门是农业生态环境中的主要菌群，在各种植物根际土壤中大量分布。这主要是因为变形菌门和酸杆菌门具有编码高亲和性的基因组性状，能够适应各种环境，并在一定程度上维持根际微生物群落的稳定性。本研究中，变形菌门在连作 13 年（13ys）时相对丰度均达到最低，而酸杆菌门在连作 13 年时则相对丰度达到最高。这可能是由于变形菌门属于富养型细菌，在营养丰富的环境中具有较好的生长速率。而酸杆菌门是寡养型细菌，能够在寡营养或者较差的环境中生长。前人研究发现酸杆菌在酸性土壤中含量特别丰富，这与我们的研究一致，13ys 土壤 pH 值最低，酸杆菌相对丰度最高。Shen 等认为，在现代化农业生产过程中，土壤中酸杆菌丰度的增加是土壤恶化的重要指标之一。有趣的是，在前人的研究中放线菌门（Actinobacteria）经常作为土壤中的优势菌门出现，然而在本研究的各处理中放线菌门所占比例却并不高。这可能是由于不同作物的根际分泌物对根际土壤细菌群落结构组成具有选择塑造作用，所以不同植物的根际细菌群落结构具有各自的独特性。

本研究中，鞘氨醇单胞菌属（*Sphingomonas*）和鞘脂菌属（*Sphingobium*）是轮作（CK）的优势属，但在连作处理中，其相对丰度随着连作时间的增长而不断降低。鞘氨醇单胞菌属与鞘脂菌属均是鞘脂单胞菌科，该科细菌代谢能力较强，具有清理土壤毒素、降解芳香族化合物、促进作物生长的作用。前人研究表明，鞘脂单胞菌科细菌在健康烟田土壤中的丰度远高于黑腐病感病土壤，因此科细菌常作为抑制植物镰刀菌等病原菌的生物制剂。各处理中，亚硝化单胞菌属（*MND1*）和硝化螺菌属（*Nitrospira*）的相对丰度随着连作时间的增长逐渐增高，这两个属的细菌均属于亚硝化单胞菌科。相关研究表明，亚硝化单胞菌科细菌是自养型氨氧化细菌，在贫瘠的土壤中更适宜生长，这与本研究结果一致，连作 13 年（13ys）土壤中硝化螺菌属和亚硝化单胞菌属的相对丰度最高。

土壤细菌多样性是土壤细菌功能的重要指标，它受人类活动影响较大。前人研究发现，土壤细菌的 α 多样性与土壤健康呈正比。本研究中，短期连作（3ys）与轮作（CK）的 Shannon 指数和 Simpson 指数差异不明显。随着连作时间的增加，α 多样性指数不断下降，连作 9 年（9ys）和 13 年（13ys），Shannon 指数和 Simpson 指数均达到最低。She 等（2017）也发现，土壤细菌多样性随着连作时间的增加而不断降低。而 Wei 等在 2018 年的研究结果却表明，随着棉花连作时间的增长，土壤细菌多样性表现出先上升后下降再趋于稳定的态势。β 多样性表明，不同处理下细菌群落系统发育和结构组成差异较大；Mentel 分析表明 pH 值、速效钾和蔗糖酶是决定细菌系统发育结构变异的主要因素。冗余分析也表明，pH 值和速效钾是细菌群落多样性的主要驱动因素。我们的研究结果和前人的研究不尽一致。Zhang 等在 2015 年的研究表明，土壤细菌群落多样性与土壤有机碳含量密切相关。Bausenwein 等在 2008 年也指出，有机质对调节土壤细菌群落结构、多样性等起着重要作用，是影响土壤细菌群落的重要因素。但我们的研究结果与 Caliz 等人的相似。Caliz 等在 2015 年研究发现，土壤 pH 值含量对细菌群落结构组成具有较大影响。Brockett 等 2012 年的研究结果也表明，土壤 pH 值是细菌群落多样性的重要驱动因子。因此，对于细菌多样性的影响因素应该具体问题具体分析。

3.5.2 长期连作改变了细菌共现网络

本研究通过构建连作和轮作处理的细菌共现网络来探寻土壤细菌群落的相互作用和共生模式。通过与随机网络相比，所构建的两个共现网络凝聚性、网络结构均较好，共现网络准确可靠。轮作网络比连作网络具有更多的节点和边，说明轮作处理下细菌物种间交互作用更多，网络规模更大，网络结构更加复杂和稳定。轮作处理下大部分节点间是正交互作用，说明细菌群落在轮作土壤中相互促进，协同共生，整个土壤细菌生态系统和谐发展。而连作处理下，细菌间交互作用相对较少，所构成的生态系统也不够稳定。连作处理下一半以上的节点间都是负交互，细菌物种间相互排斥、相互竞争、拮抗等。这应该是连作下土壤中主要营养的过量消耗或有毒物质的不断富集造成的。

不同种植制度下细菌群落结构具有明显的不同。连作网络中，酸杆菌门、拟杆菌门、浮霉菌门和芽单胞菌门具有较高的相对丰度。酸杆菌门细菌能够在酸性较强的环境中生存，浮霉菌门细菌可以在缺氧或少氧的环境中繁育，芽单胞菌门细菌对温度和盐度等都具有较强的适应能力，它们对营养不足的环境均有较好的适应能力。因此，连作土壤可能会特异性地选择这些细菌群落。而轮作网络则富集了变形菌门、疣微菌门、放线菌门和绿弯菌门。变形菌可以产生纤维素酶、淀粉酶、木聚糖酶等酶类将有机物分解成低聚糖，供其他微生物利用。放线菌能够分解土壤中的糖类、有机酸、纤维素和半纤维素，并分泌细胞分裂素促进作物的生长，在有机物丰富的中性土壤中含量较多。绿弯菌可以同化大气中的二氧化碳，吸收同化环境中生物和非生物来源的多种有机酸物质等。变形菌门、放线菌和绿弯菌门细菌在降解土壤中糖类、纤维素、有机酸等方面发挥着重要的作用，并为网络中其他微生物提供碳源，因此轮作下土壤细菌共现网络具有更强的稳定性。

在共现网络中，某些 OTUs 在促进物种间信息、能量和物质交换中起着关键作用。本研究中，连作处理土壤中有 2 个关键 OTUs，轮作处理土壤中有 4 个关键 OTUs。虽然连作处理的关键 OTUs 少于轮作处理，但它们对于烟田土壤细菌群落结构和功能都起着重要作用。连作和轮作中关键 OTUs 不同，说明不同的种植制度显著影响了土壤细菌的繁殖生长、群落组成和结构多样性。轮作处理的关键 OTUs 主要是鞘脂单胞菌、黄杆菌和酸杆菌。其中，鞘脂单胞菌在清理土壤中有毒物质、抑制病原菌方面有重要作用；黄杆菌具有一定的固氮功能，且该科大部分细菌都具有抑制植物病原菌的功能；它们都能够促进土壤物质循环，营造健康的土壤生态环境，促进植株生长。而连作处理的关键 OTUs 包含了伯克氏菌和全噬菌。伯克氏菌是一种重要的土传病原细菌，其侵染性、繁殖能力极强，能够在土壤及植物残体中存活较长时间，其引起的植物病害遍及全世界。在烤烟中，伯克氏菌能够通过烟株根部进入植株木质部，分泌毒害物质，导致烟株发育迟缓，甚至萎蔫坏死。连作细菌互作网络中，伯克氏菌处于关键节点，会引起烤烟严重减产，造成重大经济损失。

3.6 小结

连作导致烟田土壤细菌丰度下降，且随着连作年限的增长，细菌丰度下降趋势更加明显。连作 13 年土壤中细菌丰度几乎减少到轮作的一半。对 5 个处理细菌进行 16S rRNA 高通量测序后发现，不同处理土壤虽然有相似的细菌种类，但细菌群落结构各不相同。变形菌门、酸杆菌门、绿弯菌门和髌骨细菌门是所有处理的优势菌门。连作中，变形菌门相对丰度随着连作时间的增加呈现出先增加后降低的趋势，但总体均低于轮作。绿弯菌门和髌骨细菌门的相对丰度与连作时间呈负相关，酸杆菌门的相对丰度则与连作时间呈正相关。在属水平，随着连作时间的增长，鞘脂单胞菌属和竹杆菌属相对丰度呈现下降趋势，亚硝化单胞菌属和硝化螺菌属的相对丰度则不断增高。从细菌群落多样性来看，轮作处理下的细菌多样性高于连作，连作显著降低了细菌的多样性，且随着连作时间的增长，细菌 Shannon 指数 Spearman 指数与不断降低。Spearman 相关系数分析结果显示，细菌多样性与土壤中 pH 值、有机质和硝态氮含量显著正相关，与土壤全磷和铵态氮含量负相关。不同连作年限下细菌群落系统发育和结构组成差异显著，Mantel 分析显示，pH 值、速效钾和蔗糖酶是决定细菌系统发育结构变异的主要因素。冗余分析结果表明，土壤中 pH 值和速效钾对细菌群落结构组成的具有较大影响。

本研究通过分子生态网络分析构建土壤细菌群落共现网络，解析了不同种植制度（连作和轮作）对土壤细菌群落结构和不同细菌物种间网络关系的影响。连作网络中的酸杆菌门、拟杆菌门、浮霉菌门和芽单胞菌门相对丰度较高，轮作网络中的优势菌为变形菌门、疣微菌门、放线菌门和绿弯菌门。在两个共现网络中，网络结构、关键 OTUs 都不同。轮作网络中关键 OTUs 是能够清理土壤毒素的鞘脂单胞菌、具有固氮作用的黄杆菌，以及能够降解植物残体的酸杆菌；连作网络中的关键 OTUs 是侵染烤烟根系的植物病原细菌伯克氏菌和能够在恶劣环境下生存的全噬菌。轮作下细菌共现网络具有更多的节点和边，网络的平均度、平均路径长度、平均聚类系数和模块性均高于连作，细菌群落间互作更多，网络更加复杂和稳定。轮作网络中 74.2%的节点是相互促进的正交互作用，而连作下 52.5%的细菌是竞争或拮抗的负交互作用。因此，轮作是调整细菌群落结构合理、促进细菌物种间正向和谐发展、维持土壤生态平衡协调的重要措施。

第4章　连作下烟田土壤真菌群落的变化及共现网络分析

在土壤生态系统中真菌起着十分重要的作用。它们参与土壤养分循环和有机质分解，并与作物健康和生长发育密切相关。土壤中的某些真菌是引起植物病害的植物病原体，而另外一些真菌则是抑制或减少植物病害影响的生物防治因子。土壤 pH 值和酶活性也与根际真菌群落密切相关。加强对土壤中真菌群落的研究，明确其在土壤生态系统中的作用是目前研究的热点。

在农田生态系统中，种植方式显著影响土壤真菌群落结构。同一土地上连续种植同一作物，其根系分泌物中某些化合物质能够持续增加土壤中植物病原体的丰度，加重土壤真菌病害，抑制作物根系生长，对农田生态系统产生不利影响。研究表明，茄子、棉花和大豆等植物连作下土壤中病原真菌数量比轮作显著增加。然而，目前关于烤烟长期连作下微生物多样性的研究大多集中在土壤微生物数量和种类上。烤烟连作对土壤真菌群落结构影响及真菌群落变化的研究十分有限。

在本研究中，我们采集了烤烟连作 3 年（3ys）、5 年（5ys）、9 年（9ys）、13 年（13ys）和烤烟-豌豆轮作（CK）等 5 个不同处理的土壤样品。我们使用 qPCR 和高通量测序法对不同连作年限下土壤真菌群落的丰度、多样性和组成进行比较。我们假设，不同的连作处理土壤养分不同，会导致不同的土壤真菌群落的选择。因此，我们有三个主要目标：①确定烤烟连作对土壤真菌群落丰度、多样性和组成的影响。②研究连作制度下土壤性质与土壤真菌群落的相关性。③探寻连作对土壤真菌群落结构及网络的影响。

4.1 试验材料与方法

4.1.1 试验地概况与试验设计

试验地概况与试验设计同第2章。

4.1.2 试验样品采集

试验样品采集同第3章。

4.1.3 真菌DNA提取和荧光定量PCR分析

土壤环境总DNA使用FastDNA © SPIN Kit（MP Biomedicals Co., Ltd., California, USA）试剂盒，称取0.5000 g鲜土依照使用说明进行提取，每个样品重复3次提取。DNA浓度用NanoDrop 2000分光光度计（Thermo Scientific, Wilmington, DE, USA）测定，1%琼脂糖凝胶电泳检测其质量和完整性。

使用Biosystems QuantStudio 7 Real-Time PCR系统（Life Technologies Inc., USA）通过绝对荧光定量PCR技术检测真菌ITS基因的拷贝数。用引物ITS1F（5′-CTT GGT CAT TTA GAG GAA GTA A-3′）和ITS2R（5′-GCT GCG TTC TTC ATC GAT GC-3′）（Bellemain et al. 2010）从真菌中扩增300 bp的ITS基因片段。标准曲线由此引物扩增产物所克隆的质粒稀释制备。每次PCR均纳入双蒸水无模板对照和Ct值已知的阳性对照。具体反应体系和反应条件见表4-1。

表4—1 荧光定量PCR反应体系和反应条件

Target gene	Reaction mixture	Volumes (μL)	Thermal profile
ITS gene	2×TBGreenPremix Ex Taq Ⅱ	10	95℃ −5 min
	ITS1F (10 μM)	1	95℃−60 s
	ITS2R (10 μM)	1	51℃−60 s
	BSA (1% w/v)	1	72℃−60 s
	ROX Reference Dye Ⅱ	0.4	—
	template DNA (5~50 ng/μL)	2	40 cycles
	Nuclease−free H_2O	4.6	—

4.1.4 真菌Illumina测序

用引物2045F（5′-GCA TCG ATG AAG AAC GCA GC−3′）和2390R（5′−TCC TCC GCT TAT TGA TAT GC−3′）扩增真菌内部转录间隔ITS−2区，PCR反应体系和条件参照Bellemain等（2010）的方法。使用2%琼脂糖凝胶电泳检测PCR产物，根据制制造商实验手册的说明，PCR产物切胶回收使用AxyPrep DNA凝胶提取试剂盒。文库定量采用Qubit 2.0（Invitrogen，U.S.）进行。根据数据量要求，对PCR产物进行相应比例的混合。

采用HiSeq/MiSeq平台PE250（Illumina，Inc.，CA，USA）进行双末端测序，使用PANDAseq软件拼接，获得高变区的长reads。ITS序列被控制在220~500 bp的范围，通过Userach（version 7.0.1090）对序列进行过滤除噪，并运用UPARSE（http://drive5.com/uparse/）对相似度大于97%的序列进行聚类，形成可操作分类单元（OTU）。为避免样品测序数据大小不同造成分析的偏差，利用最小抽平法对OTUs数据进行标准化抽平。对抽平后的数据进行真菌群落多样性分析。

本研究所得的真菌序列提交至NCBI数据库，登录号为SRP241330。

4.1.5 微生物多样性分析及共现网络构建与分析

微生物多样性分析同第3章。

真菌共现网络构建同第3章。利用Gephi将网络分析可视化，以揭示真菌物种之间的相互作用。

4.2 连作对烟田土壤真菌群落丰度和群落组成的影响

4.2.1 连作对烟田土壤真菌群落丰度的影响

本研究中，土壤真菌群落丰度变化情况如图 4－1（a）所示。CK 的土壤真菌丰度最低，仅为 1.476×10^8 g/(dry soil)。连作 3 年（3ys），土壤中真菌丰度开始上升，达到 3.552×10^8 g/(dry soil)。继续连作，土壤中真菌丰度不断增加，连作 5 年（5ys），土壤中真菌丰度为 4.874×10^8 g/(dry soil)；连作 9 年为 5.175×10^8 g/(dry soil)。连作 13 年（13ys），土壤真菌丰度达到最高，为 6.725×10^8 g/(dry soil)。

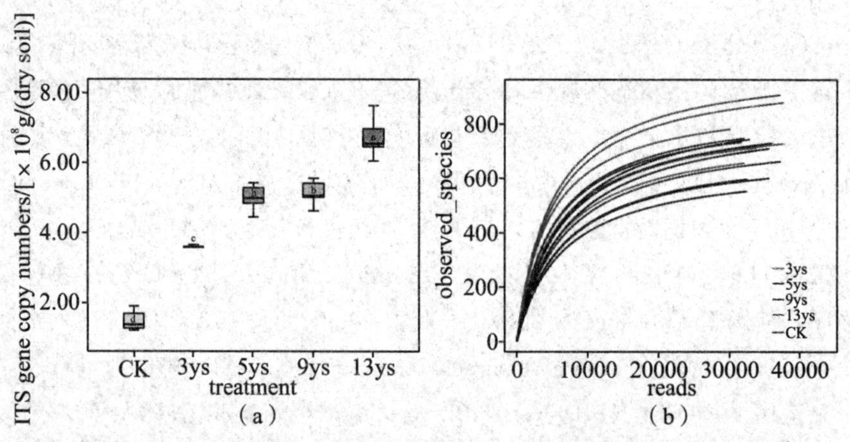

图 4－1　不同处理下烟田土壤真菌丰度（a）和土壤真菌序列稀释曲线（b）

注：不同字母表示在 $P<0.05$ 水平显著差异。

4.2.2 连作对烟田土壤真菌群落组成的影响

用高通量测序法对各处理真菌群落测序，并对测序数据质量控制与筛选，共获得 529428 条优化序列、215263933 个优化碱基数，平均序列长度 407 bp。如图 4－1（b）所示，所有土壤样品稀疏曲线都趋于饱和，测序深度和覆盖度合理。将获得的数据在 97％相似水平上聚类，将其中的 Singletons 过滤，共得到2044个OTUs。

所有OTUs中，共检测到14个真菌门、45个纲、110个目、261个科和个451属。本研究中子囊菌门（Ascomycota）、担子菌门（Basidiomycota）和被孢菌门（Mortierellomycota）是优势真菌门，占总序列的74.75%~93.32%[见图4-2(a)]。而壶菌门（Chytridiomycota）、绿藻门（Chlorophyta）、球囊菌门（Glomeromycota）和毛霉门（Mucoromycota）等在各处理中也存在，但相对丰度较低。CK中子囊菌相对丰度最高，为72.87%。在4个连作处理中，子囊菌在3ys具有较高的相对丰度，达到67.57%。随着连作时间的增长，子囊菌呈现先降低后升高，最后趋于平缓的态势，5ys相对丰度最低，仅为44.69%。而被孢菌门相对丰度则是先升高再降低。Spaepen等在2007年研究发现，被孢菌门真菌与土壤中速效磷含量正相关。本研究中5ys速效磷含量最高，被孢菌相对丰度也达到最高22.29%。随着土壤中速效磷含量的降低，被孢菌相对丰度也随之降低。

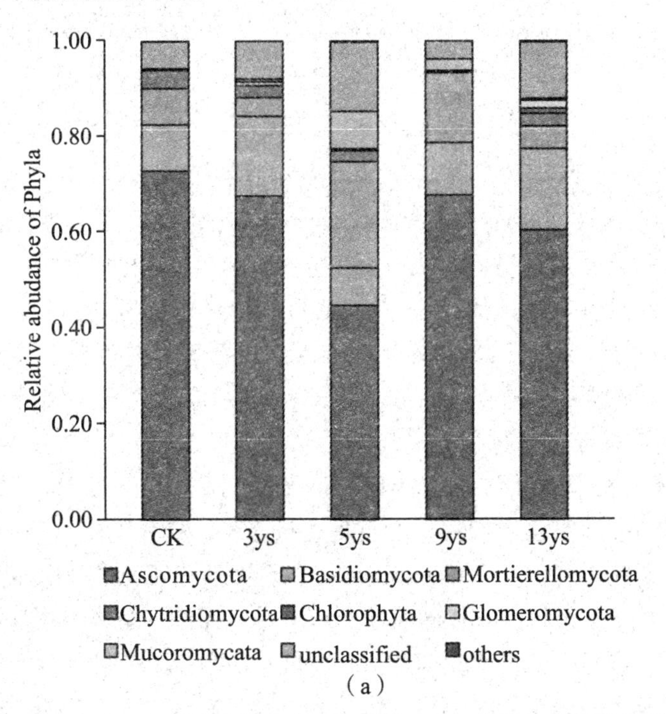

(a)

图4-2 不同处理下烟田土壤在门（a）和目（b）水平上的真菌群落组成

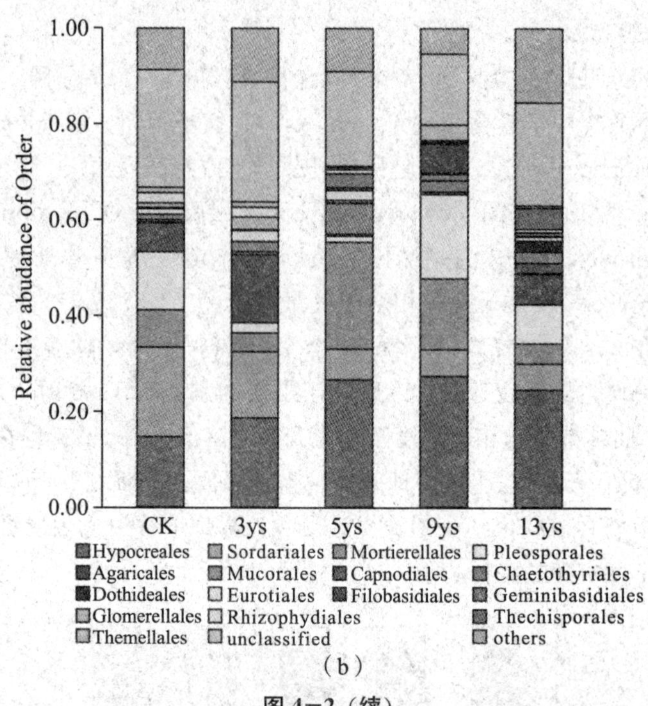

(b)

图 4-2（续）

在目水平［见图 4－2(b)］，肉座菌目（Hypocreales）、粪壳菌目（Sordariales）和被孢霉目（Mortierellales）在各处理中占优势。就粪壳菌目而言，CK 中相对含量最高，占 18.77%。在 4 个连作处理中，3ys 含量为 13.88%。随着连作时间的增长，粪壳菌目的相对丰度不断降低，5ys 下降到 6.47%，9ys 为 5.61%，13ys 仅为 5.54%。粪壳菌目真菌具有很强的分解木质素和纤维素的能力（Phosri et al. 2012），并且它们还可以降低由镰刀菌等病原体引发的病害。本研究中，肉座菌目在 CK 的相对丰度为 14.70%。与 CK 相比，连作处理中肉座菌目相对丰度要高得多。3ys 为 18.65%，随着连作时间的增加，肉座菌目相对丰度呈现上升态势。连作初期（3ys）的相对丰度低于中长期连作（5ys、9ys 和 13ys）。在土壤生态环境中，肉座菌目是一种常见的真菌，是土壤植物残体的快速分解者。然而许多烤烟潜在病原菌，如镰刀菌属（*Fusarium*）、柱孢属（*Cylindrocarpon*）也都属于肉座菌目真菌。长期连作会加速这些病原菌的积累，增加烤烟病害的发生风险。本研究还发现，在 9ys 和 13ys，格孢腔菌目（Pleosporales）的相对丰度分别为 17.69% 和 7.96%；而 3ys 和 5ys 格孢腔菌目的相对丰度仅为 1%左右。此目真菌有腐生和寄生两种，主要会引起烟草黑星病、小麦根腐病、玉米小斑病等病害，常在长期连作的土壤中发病。

对真菌丰度排名前 30 的属进行聚类，结果如图 4−3 所示。不同连作年限下土壤中一些真菌属的相对丰度具有明显的差异。在 CK 和 3ys 中的优势属为毛壳菌属（*Chaetomium*）、圆锥藻属（*Conlarium*）和靴霉属（*Boothiomyces*），但随着连作时间的增加，这三个属的相对丰度不断降低。5ys 中，被孢霉属（*Mortierella*）、镰刀菌属（*Fusarium*）和青霉菌属（*Penicillium*）为优势属。9ys 的优势属为产油菌属（*Solicoccozyma*）和柱孢属（*Cylindrocarpon*）。此外，金担子菌属（*Aureobasidium*）、小蘑菇属（*Micropsalliota*）和链格孢属（*Alternaria*）是 13ys 的优势属，且它们的相对丰度均随着连作时间的增长而增加。

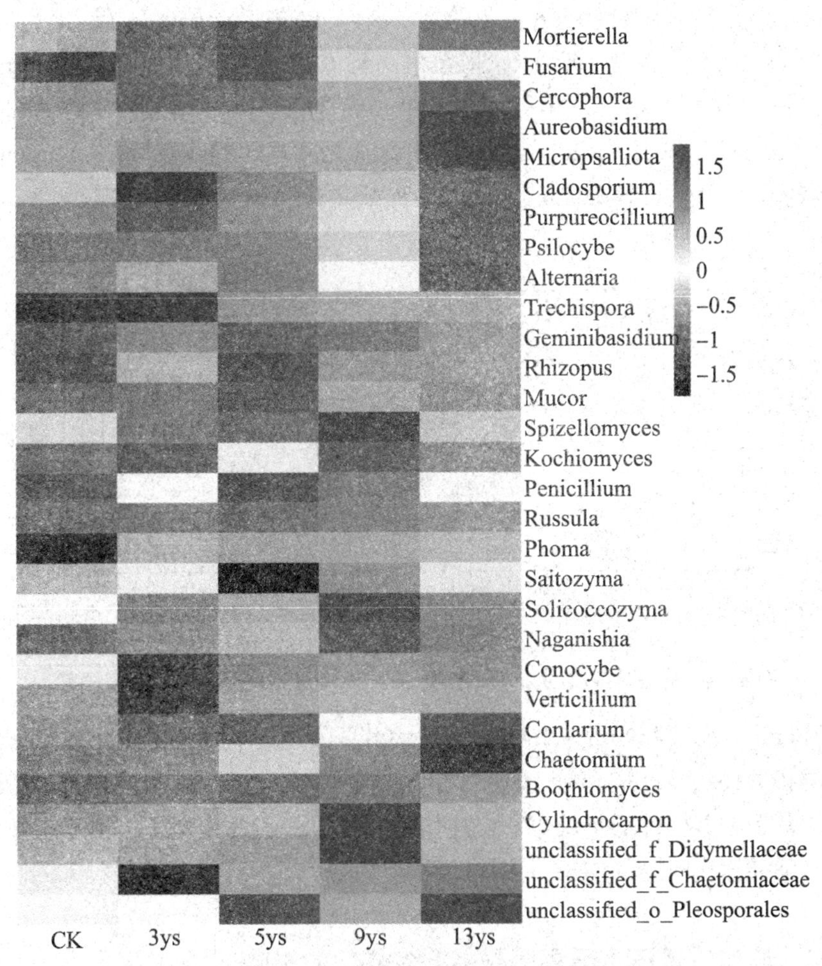

图 4−3 不同处理中土壤真菌群落属水平 heatmap 图

4.3 连作对烟田土壤真菌群落多样性的影响

4.3.1 连作对烟田土壤真菌群落α多样性的影响

连作显著影响着真菌的α多样性。由图4-4（a）可知，轮作下（CK），真菌Shannon指数为3.58，3ys和5ys真菌Shannon指数均低于CK。但随着连作时间继续增长，Shannon指数随之增高，9ys的Shannon达到4.14，13ys最高为4.32。5个处理Shannon指数由高到低排序为13ys>9ys>CK>5ys>3ys。同样，如图4-4（b）所示，9ys和13ys的Simpson指数分别为0.962和0.963，均高于CK（0.933），但9ys和13ys之间差异不显著。3ys的Simpson指数最低（0.891）。Simpson指数由高到低排序依次为13ys≈9ys>CK>5ys>3ys。

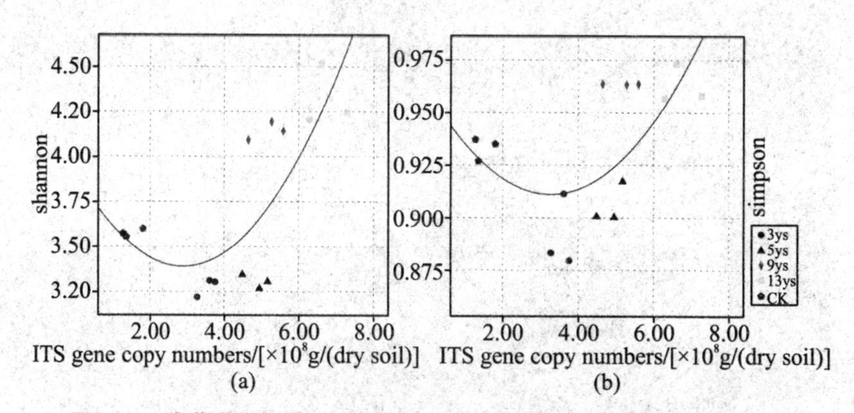

图4-4 真菌丰度与Shannon指数（a）和Simpson指数（b）回归关系

Shannon指数和Simpson指数均显示出真菌群落丰度与多样性指数间存在显著的相关关系（r=0.764，P=0.005；r=0.661，P=0.01）。中短期连作下土壤真菌α多样性低于轮作，但连作超过5年后，真菌群落α多样性高于轮作，且随着连作时间的增长，多样性不断增高。

4.3.2 连作对烟田土壤真菌群落β多样性的影响

基于Bray-curtis的主坐标分析（PcoA）结果表明（见图4-5），5个处理的真菌群落结构存在显著差异（$R^2=0.7653$，$P=0.001$）。第一主成分和第二主成分分别解释了34.40%和20.29%的变异。CK和3ys真菌群落结构具有一定的相似性，都位于第一主成分的左半轴上方。而5ys位于右半轴下方，9ys位于左半轴下方，13ys位于右半轴上方。这说明轮作（CK）和短期连作（3ys）下土壤真菌群落结构变化不大，但不同的连作年限下土壤真菌群落结构具有明显的不同，随着连作时间的增加，土壤真菌结构发生巨大的变化。

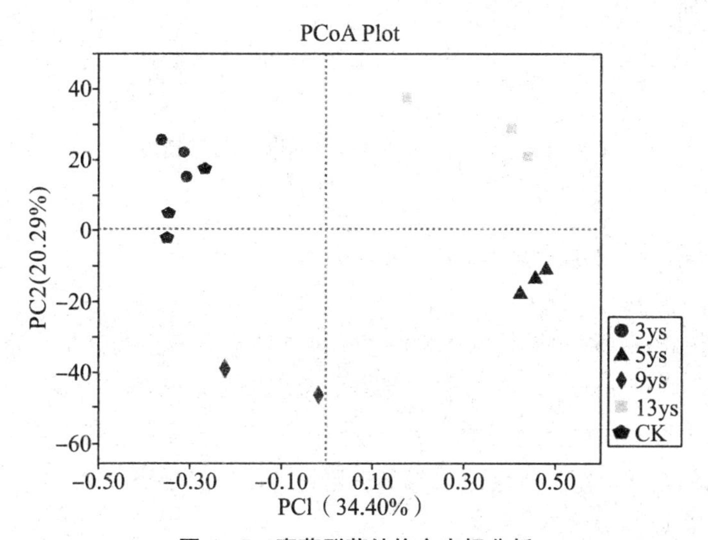

图4-5 真菌群落结构主坐标分析

用非度量多维尺度（NMDS）对5个处理的真菌群落系统发育组成和构成进行分析，结果如图4-6所示。基于weighted Unifrac（$R^2=0.8508$，$P=0.001$）距离的NMDS分析结果表明，CK与3ys真菌群落系统发育组成具有一定的相似性，5ys与9ys真菌群落系统发育组成具有一定的相似性，而13ys的真菌群落组成与其他处理具有显著差异。基于unweighted Unifrac（$R^2=0.7931$，$P=0.001$）距离的NMDS分析结果发现，5个处理的真菌群落均能够很好地分开，说明不同处理间真菌群落系统发育构成组成各不相同。

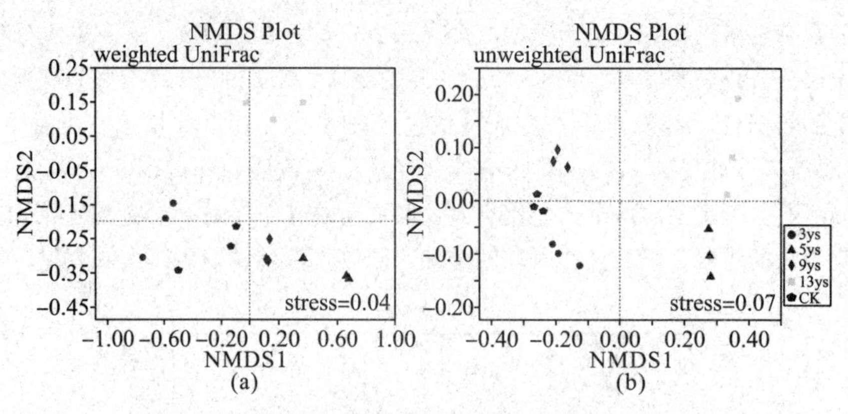

图 4-6　非度量多维尺度下真菌群落组成

4.3.3　真菌群落与烟田土壤性质间的相关性分析

用 Spearman 秩相关分析真菌群落相对丰度与土壤性质的关系，结果如表4-2所示。在门水平上，担子菌门相对丰度与土壤 pH 值呈显著负相关关系；毛霉门与土壤有机质呈正相关，而壶菌门则与有机质呈负相关关系；子囊菌门和毛霉门的相对丰度与土壤速效钾呈正相关，壶菌门的相对丰度则与速效钾呈负相关关系。

表 4-2　真菌门/目/属相对丰度与烟田土壤性质间 Spearman 秩相关分析

类别	pH	有机质	全氮	硝态氮	速效磷	速效钾	脲酶	过氧化氢酶
Ascomycota	−0.195	0.096	0.229	−0.007	−0.146	0.546*	0.400	0.693**
Hypocreales	0.524	0.011	0.231	0.575*	0.593*	−0.129	−0.171	−0.446
Sordariales	−0.123	−0.011	0.744**	0.143	−0.164	−0.075	0.679**	0.104
Pleosporales	−0.161	0.114	0.805**	0.388	0.059	0.066	0.842**	0.620*
Chaetothyriales	−0.581*	−0.121	0.009	−0.678**	−0.879**	0.018	0.393	0.254
Basidiomycota	−0.596*	−0.118	−0.079	−0.404	−0.700**	−0.014	0.239	0.196
Agaricales	−0.433	−0.336	−0.438	−0.454	−0.414	−0.225	−0.143	0.121
Mucoromycota	0.337	0.643*	−0.118	0.529	0.371	0.618*	−0.254	−0.093
Mortierellomycota	0.426	0.425	0.161	0.414	0.821**	0.243	−0.200	−0.207
Chytridiomycota	−0.463	−0.789**	−0.395	−0.464	−0.368	−0.646**	−0.364	−0.343
Fusarium	−0.417	−0.286	0.742	0.254	−0.107	−0.82**	0.561	0.007
Penicillium	0.359	−0.132	−0.062	−0.307	0.132	−0.178	0.678*	−0.026

续表4-2

类别	pH	有机质	全氮	硝态氮	速效磷	速效钾	脲酶	过氧化氢酶
Cylindrocarpon	−0.223	−0.732**	−0.332	−0.207	0.104	−0.860**	−0.154	−0.203
Alternaria	−0.773**	−0.635	0.105	−0.3	−0.812**	−0.484	0.019	−0.071

注：* 代表在 $0.01<P<0.05$ 水平存在显著差异，** 代表在 $P<0.01$ 水平存在极显著差异。

本研究中，在目水平上，刺盾炱目相对丰度与土壤pH值硝态氨和速效磷呈显著负相关关系；粪壳菌目、格孢腔目相对丰度与土壤中全氮和脲酶呈显著正相关；肉座菌目相对丰度与土壤中硝态氮和速效磷呈正相关；格孢腔目的相对丰度与土壤中土壤过氧化氢酶呈正相关关系。主要的真菌属中，镰刀菌属相对丰度与土壤速效钾显著负相关；青霉菌属相对丰度与土壤脲酶显著正相关，柱孢霉属相对丰度与土壤有机质、速效钾显著负相关；链格孢属相对丰度与土壤pH值、速效磷显著负相关。

用Mantel测验分析土壤真菌群落组成与土壤性质间关系（见表4−3）。由表4−3可知，硝态氮（$r=0.548$，$P=0.001$）、速效磷（$r=0.404$，$P=0.002$）、速效钾（$r=0.450$，$P=0.003$）和过氧化氢酶（$r=0.260$，$P=0.029$）是决定土壤真菌群落结构变异的主要因素。

表4−3 真菌群落β多样性与土壤性质的Mantel分析

类别	pH	有机质	全氮	全磷	全钾	硝态氮
r	0.113	0.062	0.107	0.150	0.167	0.548**
P	0.249	0.569	0.067	0.069	0.119	0.001
类别	氨态氮	速效磷	速效钾	蔗糖酶	脲酶	过氧化氢酶
r	0.081	0.404**	0.450**	0.140	0.193	0.260*
P	0.352	0.002	0.003	0.168	0.077	0.029

注：* 代表在 $0.01<P<0.05$ 水平存在显著差异，** 代表在 $P<0.01$ 水平存在极显著差异。

对土壤性质和真菌群落组成进行冗余分析（RDA）发现，真菌门的相对丰度与土壤性质间存在显著的相关性（见图4−7）。RDA第一坐标轴解释了真菌群落组成和土壤性质间总变异的74.57%，RDA第二坐标轴解释了真菌群落组成和土壤性质间总变异的16.46%。土壤真菌群落与土壤速效磷（$R^2=0.778$，$P=0.001$）和速效钾（$R^2=0.494$，$P=0.019$）具有显著的相关性。

CK 和 3ys 在坐标轴上的分布相对集中，说明其真菌群落结构具有一定的相似性，而其余处理在坐标轴上的分布各自分离，说明其真菌群落结构与其他处理差异较大。

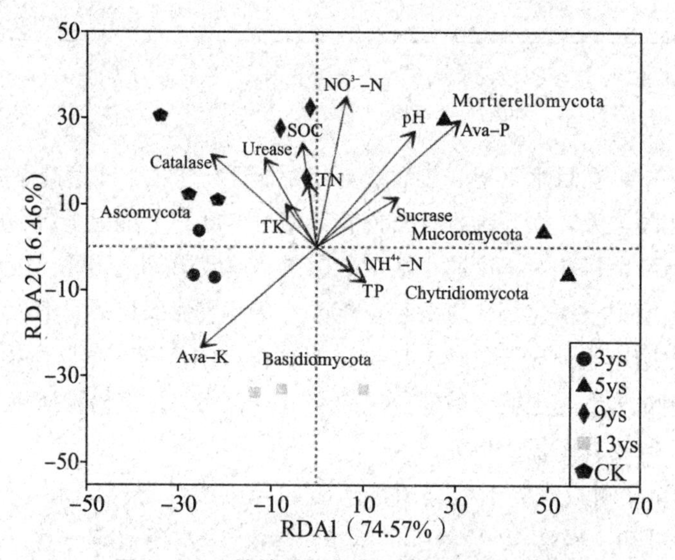

图 4－7　土壤性质与真菌群落结构冗余分析

4.4　连作和轮作处理下真菌群落共现网络分析

采用共现网络探讨不同种植制度下烟田土壤真菌群落间的关系。如图 4－8 所示，5 个处理的共现网络具有明显的不同。3ys 网络由 120 个节点和 336 条边组成；5ys 网络由 136 个节点和 377 条边组成；CK 网络的节点数和边数处于 3ys 和 5ys 中间，为 131 个节点和 361 条边。9ys 网络包含 150 个节点和 661 条边；13ys 网络节点数与边数最多，分别是 163 和 775。此结果说明，与轮作相比，连作下真菌群落形成了更加复杂的网络。

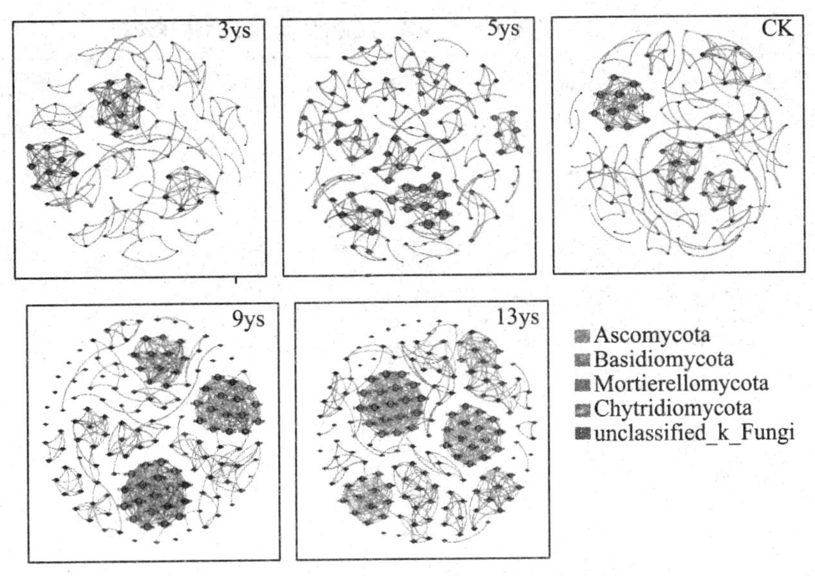

图4-8 不同处理下土壤真菌群落共现网络

表4-4显示了共现网络的拓扑性质，5个不同网络的模块性都达到了0.8以上。就平均度（avgK）而言，CK最低，仅为5.511；3ys为5.600；5ys为5.800；9ys为8.813；13ys的最高，达到9.509。这说明13ys网络中的一个节点与其他节点间的连接数量更多。就平均路径长度（avgGD）来看，3ys最低，为1.784；13ys依然是最高，达到2.813。这说明13ys网络中节点间的连接程度也是最高的。此外，平均聚类系数（avgCC）也与连作时间呈正比，充分说明随着连作时间的增加，真菌网络相邻节点的连接程度更高，节点更容易聚到一起。总体而言，长期连作形成的真菌共现网络中，真菌物种间连接更加紧密，结构更加复杂，网络更加稳定。可分析网络中节点的中心度，探寻关键真菌物种OTUs。在本研究中，OTU65（柱孢霉菌 *Cylindrocarpon*）和OTU246（双担菌属 *Geminibasidium*）是连作处理中的关键物种。双担菌属是担子菌中新发现的耐热耐寒的新菌种，它具有分解和释放土壤中矿质养分的能力。这一类型的真菌能够提高土壤有效养分含量，在土壤生态系统中发挥着重要的作用。本研究发现的另外一个关键物种是OTU65，它属于柱孢霉菌。相关研究表明，柱孢霉菌是土壤中的潜在病原菌，能够在土壤中分泌毒素，严重影响植物根系生长发育，甚至造成植株发病死亡。

表 4-4 不同处理下烟田土壤真菌群落共现网络拓扑性质

处理	节点	边	平均度	平均路径长度	平均聚类系数	模块性
CK	131	361	5.511	2.254	0.889	0.893
3ys	120	336	5.600	1.784	0.88	0.876
5ys	136	377	5.800	2.317	0.851	0.896
9ys	150	661	8.813	2.256	0.925	0.806
13ys	163	775	9.509	2.813	0.919	0.843

4.5 讨论

4.5.1 不同连作处理对烟田土壤真菌群落的影响

连作导致上壤性质改变，土壤中原有生态平衡被打破，形成新的土壤生态环境，这对土壤中真菌群落造成显著影响。前人研究发现，种植制度影响土壤真菌丰度。本研究发现，真菌丰度与连作年限呈正相关，13ys 的真菌丰度是 3ys 的 1.9 倍。产生这种情况的原因应该是长期连作，在土壤中形成了一个相对稳定的环境，通过长时间的适应，更加适合真菌的繁育。另外，烤烟根部分泌物中含有大量的酚酸类物质，为真菌的生长提供了丰度的营养。

本研究发现，子囊菌门、担子菌门和被孢菌门是烟田土壤中的优势菌门。子囊菌在所有处理中相对丰度最高。子囊菌是土壤中受作物种类和种植制度影响较大的腐生真菌，是自然生态系统重要的“分解者”。3～5 年的连作（3ys 和 5ys）降低了土壤胞外酶活性，也降低了子囊菌和担子菌的相对丰度；随着连作时间的增长，土壤胞外酶活性缓慢回升，子囊菌和担子菌的相对丰度也随之回升。被孢菌门是真菌界中独特的一个门类，其大部分物种都是土壤中的腐生真菌。连作显著影响着被孢菌的相对丰度。研究发现，被孢菌可以溶解土壤中的矿质磷，通过合成和分泌草酸来增加土壤养分含量。这与我们的研究结果一致，在 5ys 处理下，被孢菌的相对丰度和土壤中的速效磷含量均为最高。在目水平上，连作处理中的肉座菌目、格孢腔菌目的相对丰度高于 CK，且在长期连作（9ys 和 13ys）的处理中相对丰度更高。这两个目的大多数真菌物种都是植物病原菌，因此长期连作会引起病原菌的不断积累，病害的发生概率更高。与上述两个真菌目不同的是粪壳菌目，它具有很强的分解植物土壤中毒素的能力，并且还能够降低由镰刀菌等病原体引发的病害。粪壳菌目在CK中相对丰度最高，说明轮作可以减少病害的发生。本研究中，我们发现不同处理真菌群落结构的差异主要体现在子囊菌门和被孢菌门群落的结构上，他们都是土壤中常见的“分解者”真菌。我们推测，不同连作年限下土壤主要真菌群落相对丰度的差异可能是不同土壤养分状况引起的。在属水平，轮作和短期连作中，毛壳菌属在土壤中占有较高的比例，但随着连作时间增长，其相对丰度不断降低。毛壳菌属对多种病原菌都具有拮抗作用，在防治植物病害方面具有重要意义。早在20世纪80年代就发现毛壳菌可以降低番茄枯萎病、苹果黑星病等病害的发病率。Park等在2005年的研究表明，毛壳菌对稻瘟病、小麦条锈病等均具有较好的防治效果。烤烟中长期连作下，土壤中镰刀菌属、柱孢属和链格孢属等潜在病原菌具有较高的丰度，且相对变化较大，这些潜在病原菌的存在会大幅度增加植物发生疫病、霉病、腐病等病害风险。

连作对土壤真菌群落多样性有显著的影响。已有研究表明，随着藏红花、甘薯和大豆等作物连作年限的增加，土壤中真菌多样性也随之增加。本研究中，真菌两种α多样性（Shannon指数和Simpson指数）均显示出中短期连作下土壤真菌多样性低于轮作。但连作超过5年后，真菌群落α多样性高于轮作，且随着连作时间的增长，多样性不断增高。其主要原因可能与连作年限的增加引起土壤性质的改变有关。连作超过5年后（9ys和13ys），形成了相对稳定的土壤环境，土壤真菌通过不断自我调整，更加适应于在这种环境下生长发育。采用PCoA和NMDS两种β多样性分析法比较不同种植制度下土壤真菌群落结构和组成的差异发现，5个处理间存在着明显的差异，说明不同的种植制度对烟田土壤真菌群落结构和组成有着较大的影响，不同的连作时间下真菌群落结构组成各不相同。

土壤pH值、有机质、速效养分等都是土壤微生物群落丰度、结构组成的影响因子。α和β多样性分析都表明，不同的连作年限引起了真菌群落结构的不同，土壤性质的变化会影响真菌群落结构。相关性分析也表明，肉座菌目和被孢菌门的相对丰度与土壤速效磷正相关，刺盾炱目的相对丰度则与土壤速效磷负相关。子囊菌门和毛霉门的相对丰度与土壤速效钾正相关。通过Mantel测验和RDA分析，我们发现不同连作年限下真菌群落结构的变异主要是不同连作年限下土壤理化性质间的差异引起的，速效磷和速效钾是影响真菌群落结构和组成的主要因子。这个结果与Cleveland、Liu等人的研究结论不同，他们认为土壤中有机质和碳氮比是影响真菌群落的最重要因素。我们认为研究土壤真菌群落结构要和地上作物结合，具体问题具体分析。在烤烟生长过程中吸收量最大的土壤养分是速效钾，它对烤烟生长发育和土壤微生物群落结构组成有很大的影响。我们推测，随着连作年限的增加，烤烟对土壤中钾的吸收和无机磷的溶解影响了土壤中速效磷和速效钾的含量，从而导致土壤微生物群落的变化，形成了独特的真菌结构。

4.5.2 不同连作处理对烟田土壤真菌群落共现网络的影响

本研究采用微生物共现网络分析方法，探讨了不同种植制度下烟田土壤真菌之间的互作关系。与轮作相比，连作下真菌群落形成了更为复杂稳定的网络。连作处理下，土壤真菌网络节点数和边数随着连作时间的增长而增多，说明长期连作形成了更大规模的土壤真菌网络规模，参与微生物交互作用的真菌类群更多。然而 Liu 等在 2020 年指出，长期连作下的土壤与健康轮作的土壤具有相似的真菌网络特性。研究微生物种群间的共现网络可以帮助我们发现微生物群落中的潜在关键物种，识别共现网络中最重要的成员。本研究发现子囊菌门的柱孢霉菌和担子菌门的双担菌属是烤烟连作土壤中的关键微生物物种，他们在分泌毒素或分解土壤矿质营养等方面有独特的能力。也有研究发现，真菌中的关键物种在土壤有机质分解过程中起着重要作用。因此，对微生物网络中的关键物种进行更详尽的研究，有助于减少土壤病原菌危害，从而改善长期连作后的烟田土壤环境。

4.6 小结

烤烟连作明显改变了土壤性质，增加了土壤真菌群落的丰度。短期连作土壤中真菌丰度较低，随着连作时间的增加，真菌丰度不断增加，连作 13 年达到最高，是轮作的 4.56 倍。对 5 个处理的真菌进行 ITS 高通量测序，结果表明，各处理真菌群落结构具有明显的不同。在门水平上，子囊菌门相对丰度随着连作呈现先降低后升高的态势；而被孢菌门恰恰相反，随着连作时间的延长其相对丰度表现为出先升高后降低的趋势。在目水平，连作使土壤中肉座菌目、格孢腔菌目相对丰度增加，而粪壳菌目相对丰度降低。就属水平而言，不同连作处理的优势属不同。轮作处理和连作 3 年处理中的优势属是毛壳菌属、圆锥藻属和靴霉属。连作 5 年的优势属是被孢霉属、镰刀菌属和青霉菌属，连作 9 年优势属为产油菌属和柱孢属，金担子菌属、小蘑菇属和链格孢属是连作 13 年的优势属。

连作对土壤真菌的多样性有着显著影响。中短期连作下土壤真菌 α 多样性低于轮作；但连作超过 5 年后，真菌群落 α 多样性高于轮作，且随着连作时间的增长，多样性不断增高。不同处理真菌群落结构组成不同，本研究发现，短期连作与轮作土壤真菌群落系统发育结构变化不大，但随着连作时间的延长，土壤真菌结构发生巨大改变。土壤中硝态氮、速效磷、速效钾和过氧化氢酶是决定土壤真菌群落系统发育结构变异的主要因素。土壤性质和真菌群落组成的冗余分析发现，土壤速效钾和速效磷的差异对真菌群落结构有重要影响。此外，长期连作下形成了更加复杂和稳定的真菌群落共现网络，孢霉菌和双担菌属是连作网络中的关键物种。综上所述，烤烟长期连作改变了土壤生态环境，导致土壤性质、真菌群落的丰度和多样性及真菌互作网络发生了显著变化。今后应重点研究真菌共现网络中的关键物种，探索长期连作后改善土壤环境的途径。

第5章　连作下烟田土壤微生物功能及潜在病原真菌变化分析

土壤微生物的组成、结构、多样性及活性是决定土壤生态系统功能与稳定性的关键。前人研究发现，大部分微生物在土壤中经常处于不活跃状态，并未发挥太大的生态功能。目前，高通量测序技术的普及使人们开始对微生物组成、多样性进行大量研究，但从基因水平对土壤微生物群落功能的研究还比较欠缺。宏基因组测序对土壤微生物功能鉴定具有较好的效果，但价格昂贵，数据量较大，因此研究人员开发出了基于基因序列的微生物功能预测法。对于细菌功能预测的工具主要有 PICRUSt、Tax4Fun 和 FAPROTAX 等，真菌的预测工具主要是 FUNGuild。

长期连作导致烤烟土传病害加剧、土壤微生态失衡。前几章中我们通过对比轮作处理、短期连作与中长期连作烟田土壤微生物群落多样性与结构组成，发现3种潜在病原真菌在连作过程中丰度较高，且相对变化较大。他们分别是镰刀菌属（*Fusarium*）、链格孢属（*Alternaria*）和柱孢霉属（*Cylindrocarpon*）。

本章将对不同连作年限下烟田土壤细菌、真菌功能多样性进行预测分析，并分析3种潜在病原真菌在连作过程中的动态变化，希望能够揭示土壤生态功能对烤烟连作的响应及土壤中病原菌的变化规律，探寻土壤微生物与连作障碍的关系。

5.1　微生物功能注释及病原微生物分析方法

采用 Tax4Fun 软件包将 Silva 数据库中 16S rRNA 分类谱系转化为 KEGG 数据库中原核生物的分类谱系，对 16S rRNA 细菌基因序列进行功能注释。采用 FUNGuild 对 ITS 真菌序列进行功能注释。细菌与真菌群落功能多样性统计分析借助于 Majorbio 云平台完成（https://cloud.majorbio.com）。病原真菌动态变化使用 SPSS v19.0 统计软件进行分析。

5.2 不同连作年限下烟田土壤细菌功能多样性分析

Pathways 功能基因进行预测分析。利用 Silva 数据库（Release132 http://www.arb-silva.de）的物种注释结果将烟田土壤细菌划分为 5 类功能基因，分别是代谢功能类群（Metabolism）、环境处理类群（Environmental Information processing）、遗传信息处理类群（Genetic information processing）、细胞过程类群（Cellular processes）和有机体系统类群（Organismal systems）。

代谢功能类群主要是包括氨基酸代谢（Amino acid metabolism）、碳水化合物代谢（Carbohydrate metabolism）、辅助因子和维生素代谢（Metabolism of cofactors and vitamins）、能量代谢（Energy metabolism）、核苷酸代谢（Nucleotide metabolism）和其他次生代谢（Biosynthesis of other secondary metabolites）等通路。环境处理类群主要包括膜转运（Membrane transport）和信号传递（Signal transduction）通路。遗传信息处理类群由翻译（Translation）、分类降解（Folding sorting and degradation）、转录（Transcription）及复制和修复（Replication and repair）等通路组成。细胞过程类群包括有细胞活力（Cell motility）、细胞生长与死亡（Cell growth and death）、运输与代谢（Transport and catabolism）和细胞通信（Cellular community）等通路。有机体系统类群包括内分泌系统（Endocrine system）、循环系统（Circulatory system）、免疫系统（Immune system）、环境适应（Environmental adaptation）、神经系统（Nervous system）、排泄系统（Excretory system）和消化系统（Digestive system）等。

本研究中，土壤细菌的功能类群主要是代谢功能类群、环境处理类群和遗传信息处理类群。不同连作年限下土壤细菌优势功能种群不同。由图 5-1 可知，在短期连作（3ys）的土壤中，主要以碳水化合物代谢、核苷酸代谢、膜运转和氨基酸代谢功能菌为主；而在长期连作（13ys）的土壤中，则以分类降解、能量代谢、信号传导、细胞运动等功能菌为主。对 KEGG 通路相对丰度大于 0.01 的细菌进行分析后发现，随着连作年限的增加，细胞生长与死亡、分类降解、信号传递、细胞活力等功能细菌呈现上升趋势；而膜转运、氨基酸代谢、碳水化合物代谢功能细菌呈现下降趋势；其他功能细菌无明显变化规律。

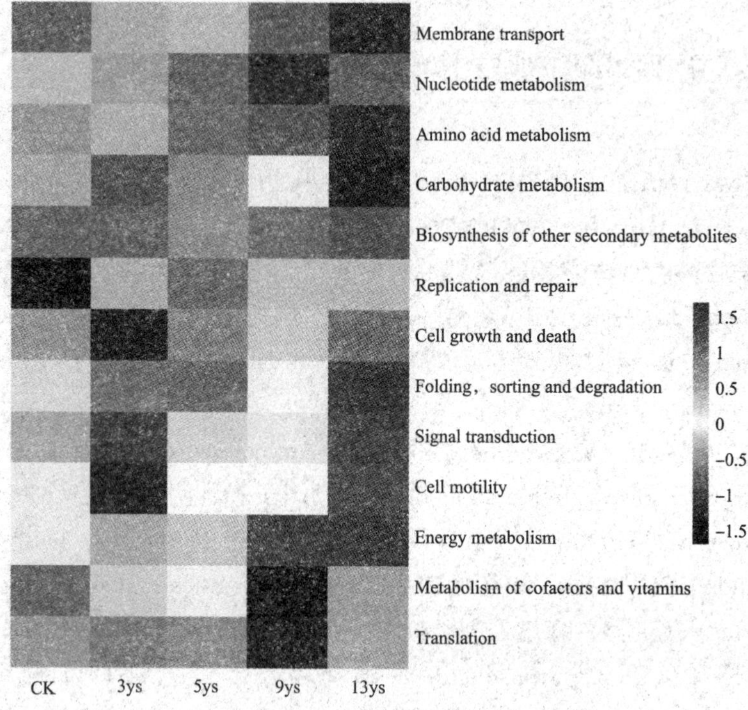

图 5−1　不同处理烟田土壤细菌群落 KEGG 功能多样性

5.3　不同连作年限下烟田土壤真菌功能多样性分析

用 FUNGuild 对不同连作年限下烟田土壤真菌群落进行分类分析。根据营养方式将土壤真菌分为三大类：病理营养型（Pathotroph），通过损害宿主细胞而获得营养；共生营养型（Symbiotroph），与宿主细胞相互交换营养；腐生营养型（Saprotroph），通过分解死亡的宿主细胞来获取营养。如图 5−2 所示，烤烟种植过程中，土壤中病理/腐生/共生过渡型真菌（Pathotroph−Saprotroph−Symbiotroph）相对丰度最高，其次是腐生/共生过渡型真菌（Saprotroph−Symbiotroph）和腐生型真菌（Saprotroph）。

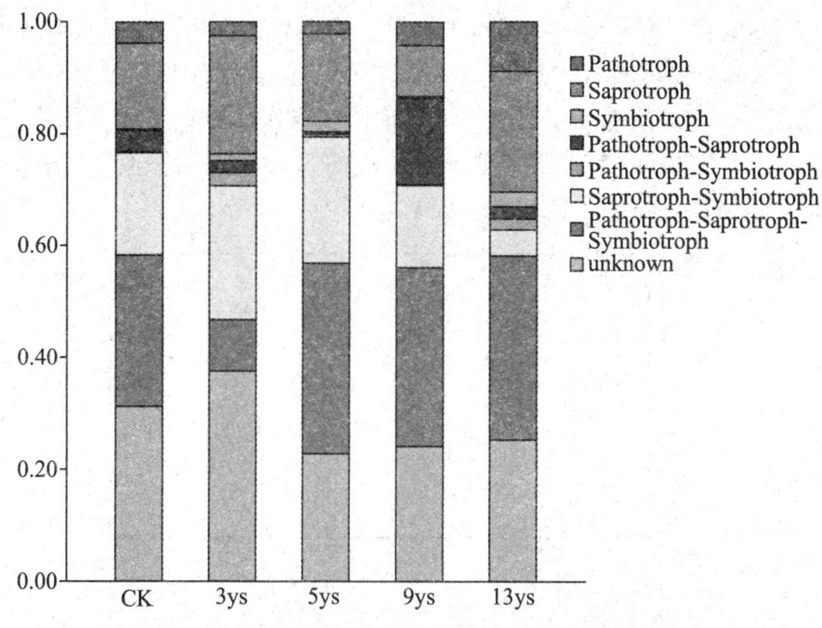

图 5-2　不同处理烟田土壤真菌群落功能组成与相对丰度

不同连作年限的烟田土壤中，真菌功能类群的相对丰度不同。其中，病理型真菌随着连作年限的增长而不断增加，3ys 为 2.44%；5ys 变化不大，为 2.16%；而 9ys 达到 4.14%；13ys 增长到 8.80%。同样，病理/腐生/共生过渡型真菌也随连作年限的增长而不断富集，13ys 的相对丰度为 3ys 的 3.6 倍。相反，腐生/共生过渡型真菌则随着连作时间的增加而不断减少，呈现出 3ys>5ys>9ys>13ys 的态势。有趣的是，腐生型真菌在短期连作（3ys）时含量较高，达到 21.13%；随着连作时间增加，腐生型真菌相对丰度开始下降，5ys 降为 15.65%，9ys 降为 9.15%。然而，继续连作，到了 13ys，腐生型真菌迅速增加，达到 21.59%，与 3ys 含量持平。病理/腐生型真菌在 9ys 最高，与其他处理呈现显著差异。各处理中病理/共生型和共生型真菌含量都较低，均不超过 2%。此外，有 22.87%～37.61%的真菌功能无法预测。

5.4　烤烟连作过程潜在病原真菌变化

对烤烟连作中相对含量较高、变化较大的三个病原真菌属［镰刀菌属（*Fusarium*）、链格孢属（*Alternaria*）和柱孢霉属（*Cylindrocarpon*）］的动态变化进行分析，结果如图 5-3 所示。连作 3～5 年，土壤中镰刀菌属显著增加，在5ys达到最高，分布比率占26.3%。继续连作，镰刀菌相对丰度出现下降，9ys分布比率占15.62%，13ys占11.85%，这可能与土壤微生物可通过自我调整来适应生态环境有关。链格孢菌在连作过程中呈现上升的态势，9ys分布比率是3ys的1.71倍，13ys是3ys的5.43倍。而柱孢菌则是在9ys时相对丰度最高，分布比率达到2.08%。

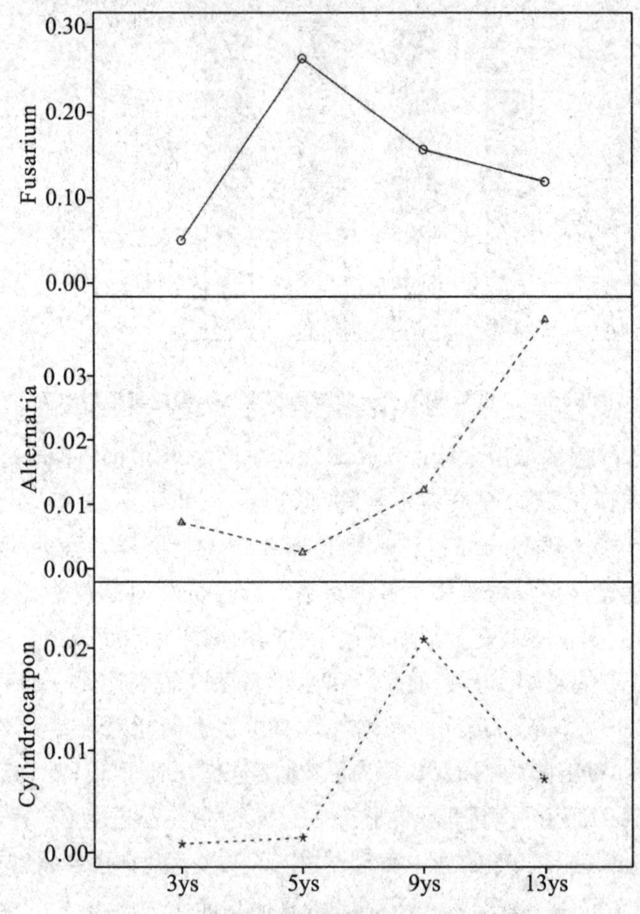

图5-3 烤烟连作下病原真菌相对丰度动态变化

5.5 讨论

5.5.1 连作对烟田土壤细菌功能多样性的影响

目前对于土壤微生物群落功能特征的研究还处于初步发展阶段。较多的研究是通过 Biology 生态板培养法研究微生物碳源利用，从而分析微生物分解代谢功能多样性。Biology 生态板培养法是使用微平板对样品进行培养，利用微生物对不同底物诱导下的代谢响应差异来反映微生物群落代谢功能方法。这种方法的缺点是基于微生物培养的方法，不能全面反映微生物群落的状态。高通量测序技术的应用对微生物功能的鉴定深入了基因层面。宏基因组、宏蛋白组、宏转录组和宏代谢组均能很好地解释微生物群落功能。但宏基因组分析价格昂贵且数据量巨大，目前利用 16S、ITS 高通量测序结果开发出了基因序列－微生物功能预测分析方法。

本研究运用 Tax4Fun 对不同连作年限下烟田土壤细菌群落 KEGG Pathways 功能基因进行预测。在短期连作（3ys）下，碳水化合物代谢、核苷酸代谢、膜运转和氨基酸代谢的基因家族具有较高相对丰度。土壤中膜运转类细菌通过溶解小分子物质来维持自身生存；代谢功能类群细菌通过吸收碳水化合物、氨基酸、能量等来保持存活。3ys 时此类细菌种群较多，说明短期连作时细菌从土壤中吸收较多碳水化合物及氨基酸来提高群落的多样性。连作时间增长，代谢功能类群细菌相对丰度不断降低，说明细菌在长期连作时分解和代谢过程中消耗的能量不断降低，多样性不断下降，这与第 4 章的研究结果一致。连作中，细胞生长与死亡、分类降解、信号传递、细胞运动等功能细菌呈现上升趋势。其原因可能是连作导致土壤酸化，有机质含量降低有关。当相对丰富的营养环境消失时，细菌群落为了生存将会不断调整分布，增加信号转导，加速繁殖与分类降解，从而适应或改变周围环境。

5.5.2 连作对烟田土壤真菌功能多样性的影响

土壤中共生真菌主要依靠宿主植物为其提供生命活动所需营养和能量，同时为寄主提供营养，从而达到互利共生。腐生真菌则靠降解土壤中动植物残体来维持生长发育，促进土壤养分循环。病原真菌则会产生毒害物质破坏寄主细胞结构和功能，引发植物发生各种病害，破坏土壤生态环境。本研究真菌FUNGuild功能分析结果表明，不同营养型真菌的相对丰度在不同连作土壤中表现各不相同。短期连作（3ys）下腐生型和腐生/共生过渡型真菌是主要功能类群，这可能是由于3ys土壤有机质含量较高，为腐生型和腐生/共生过渡型真菌提供了丰富的分解底物。随着连作时间的增加，土壤中病理营养型、病理/腐生/共生过渡型真菌的相对丰度逐渐增加，表明连作使烟田土壤逐渐由健康型向病理型过渡，土壤中潜在病原真菌不断积累。在本研究中，有22.87%～37.61%的真菌功能无法预测，不同连作年限引起的真菌功能变化还有待更深入的研究。

5.5.3 连作对烟田土壤中潜在病原菌影响

烤烟长期连作导致其易受到各种土传病害侵染，特别是土壤潜在病原菌的侵染。病原菌主要通过主根系伤口或侧根分支处裂缝及幼苗茎基部裂口等部位侵入烟株根部。病原菌侵入烟株后，在寄主薄壁细胞间或胞内长出菌丝，进入并堵塞维管束。同时，病真菌还可以分泌纤维素酶、果胶酶等干扰寄主细胞壁和导管周围细胞；分泌毒素破坏寄主代谢系统，在寄主体内积累大量酮类化合物，致使寄主烟株萎蔫死亡。对烟田土壤致病真菌进行研究，发现镰刀菌属、链格孢属和柱孢霉属是烤烟连作中的主要潜在病原真菌。

镰刀菌属是土壤中主要的病原菌之一，田间一半以上的农业损失是由该属病原菌造成的。镰刀菌主要以菌核、菌丝体及厚垣孢子在土壤、植株残体及未腐熟的带菌农家肥中存在，在土壤中有很强的生存能力，其存活时间可以长达数年至数十年。该属的菌种可产生镰刀菌毒素，引发烤烟枯萎病、根腐病等病害的发生。镰刀菌属中的尖孢镰刀菌烟草专化型真菌使烤烟在苗期、成熟期均可发生枯萎病，感病烟株会逐渐变黄、萎蔫、枯死。郑元仙等研究发现，感染烤烟根腐病的烟田土壤中镰刀菌属的相对丰度比健康土壤增加了303.45%。本研究中，连作3～5年，土壤中镰刀菌显著增加，在5ys达到最高。继续连作，镰刀菌相对丰度有所下降，这可能与土壤微生物可通过自我调整来适应土壤环境有关。

链格孢菌属真菌具有高度的破坏性，它在土壤、植物残体中均可寄生。链格孢菌会引起马铃薯早疫病、褐斑病等，该属真菌引发的烟草赤星病、黑斑病在全球范围内广泛存在，对生产造成极大的危害。在欧洲链格孢菌导致的植物早衰甚至死亡的产量损失高达25%。李艳春等在2018年研究发现，连作20年的茶园土壤的链格孢菌属真菌丰度急剧增加，对茶园造成了巨大的产量损失。Santhanam等在2015年的研究结果表明，烟草长期连作土壤中病原真菌镰刀菌属、链格孢属真菌丰度增加，导致烟株发生突然性萎蔫的情况逐年增加。本研究中，链格孢菌在3ys时相对丰度为0.71%，9ys增加到了1.22%，13ys达到3.87%，烤烟发生赤星病、黑斑病等链格孢属真菌病害的风险逐年增加。

柱孢霉属真菌也是一种常见的土壤病原菌，地理分布较广，在全球范围内都存在。柱孢霉属的寄主范围很广，包含农作物、蔬菜、花卉、林木、药用植物等。柱孢霉属真菌对植物的侵染是从植物纤维组织开始的，植株根系顶端最先受到侵染，随后会整株蔓延。Halleen等在2004年发现柱孢霉菌会产生毒素而使寄主植物出现异常。柱孢霉菌在长期连作土壤中累积，成为影响烤烟根系生长发育的主要致病菌。Watsuji等的研究结果表明柱孢霉菌具有一定的反硝化作用，这可能是长期连作后土壤中硝态氮和有机质含量下降的原因之一。

5.6 小结

利用Tax4Fun对烟田土壤细菌群落功能多样性进行注释。我们发现连作土壤细菌的功能型主要集中于代谢功能、环境处理和遗传信息处理3个类群。为进一步探究不同连作年限下烟田土壤功能组成的差异，对细菌优势功能种群进行热图分析。结果表明，连作3年（3ys）土壤中主要功能细菌为碳水化合物代谢、核苷酸代谢、膜运转和氨基酸代谢功能类群。随着连作年限的增加，细胞生长与死亡、分类降解、信号传递、细胞活力等功能细菌呈现上升趋势，而膜转运、氨基酸代谢，碳水化合物代谢功能细菌呈现下降趋势。

采用FUNGuild对烟田土壤真菌群落功能多样性进行注释。结果显示真菌功能类群在不同连作年限的相对丰度具有明显差异。总体而言，烟田土壤中病理/腐生/共生过渡型真菌、腐生/共生过渡型真菌和腐生型真菌相对丰度最高。随着连作年限的增加，土壤中病理型真菌、病理/腐生/共生过渡型真菌的相对丰度不断上升，而腐生/共生过渡型真菌则随着连作时间的增加而不断减少。

对土壤中潜在病原真菌的研究发现，在烤烟连作过程中镰刀菌属、链格孢属和柱孢霉属真菌的动态变化明显，在中长期连作中相对含量较高。连作5年土壤中镰刀菌属相对丰度达到最高，柱孢霉属在连作9年的土壤表现出最优分布，链格孢属则随着连作时间的增长相对丰度不断增加，在连作 13 年中达到最高。土壤中潜在病原真菌增加，使烤烟发生枯萎病、赤星病、黑斑病等真菌性病害的风险大幅度增加。

第 6 章　连作下土壤微生物群落与烤烟产量的关系

在低投入的传统农业中，长期连作的弊端十分明显。作物连作会导致土壤中吸收量大的元素严重匮乏，造成土壤养分比例的失调，微生物结构失衡，作物生长发育受阻，产量下降。连作引起土壤性状恶化，次生潜育化明显，严重影响土壤微生物群落生存的生态环境以及作物的正常生长。

土壤微生物群落通过代谢作用参与土壤养分元素的生物地球化学循环过程，在提高农田土壤肥力和作物产量方面具有重要的作用。土壤微生物群落具有丰富的生态和环境功能，是农田土壤与作物生产系统中生源要素迁移转化的重要驱动者，直接参与了作物吸收养分和土壤营养物质循环两个过程，影响作物生长过程。然而，长期连作使土壤微生物种群数量与比例失调，土壤酶活性下降，降低了土壤的供肥能力，致使作物减产。

结构方程在测度潜在变量间相关关系研究中具有广泛应用，其特点是所研究的变量是不可被直接观测的。偏最小二乘路径模型（PLS－PM）是结合回归模型、结构方程模型及多重表格分析的数据分析统计模型，该模型能够估计潜变量不易被测度的效应，并具有不对数据分布做任何假定、适用于小样本的情形等特点。PLS－PM 模型与其他方法相比不需要苛刻的模型假设与较样本容量的设定，因此该方法被应用在众多领域中，并得到广泛推广。

本章基于 PLS－PM 模型分析西南山区烤烟不同连作年限下土壤、微生物群落和烤烟产量之间的关系，通过前期研究中不同连作年限下土壤性质、烤烟产量的变化特征、土壤细菌群落和真菌群落变化对连作的响应，以构建连作年限、土壤理化性质（pH 值、有机质、全氮、全磷、全钾、硝态氮、铵态氮、速效磷、速效钾）、胞外酶活性（蔗糖酶、脲酶、过氧化氢酶）、细菌群落（丰度、多样性）、真菌群落（丰度、多样性）与烤烟产量的结构模型，明确烤烟连作下土壤微生物群落变化和烤烟产量之间的作用关系。

6.1 微生物群落与烤烟产量关系分析方法

采用偏最小二乘路径模型（Partial least squares path modeling，PLS-PM）分析不同连作年限、烟田土壤理化性质（pH值、有机质、全氮、全磷、全钾、硝态氮、铵态氮、速效磷、速效钾）、胞外酶活性（蔗糖酶、脲酶、过氧化氢酶）、微生物（细菌和真菌）群落和烤烟产量之间的关系。通过PLS-PM分析，观察到的变量可以用潜在变量（连作年限、土壤物理化学性质、土壤胞外酶活性、土壤微生物群落和产量）来解释。潜在变量之间的线性关系的方向和强度用路径系数表示，解释变异性使用R^2评估。采用平均抽取变异量和组合信度对路径模型的有效性进行评估。当平均抽取变异量和组合信度分别大于0.5和0.7时，路径模型是可以接受的。该分析使用Smart PLS 2.0软件进行PLS-PM分析。

6.2 烤烟不同连作年限下土壤-细菌群落-产量之间潜在关系

6.2.1 不同连作年限下土壤细菌群落对烤烟产量的直接和间接效应

PLS-PM用于确定连作年限、土壤理化性质、土壤胞外酶活性和土壤细菌群落与烤烟产量之间的直接和间接关联。该模型拟合优度（Goodness of fit，GoF）为0.787，连作年限、土壤性质、土壤胞外酶活性和细菌群落共同解释了烤烟产量变异的98.1%（见图6-1），模型拟合较好。

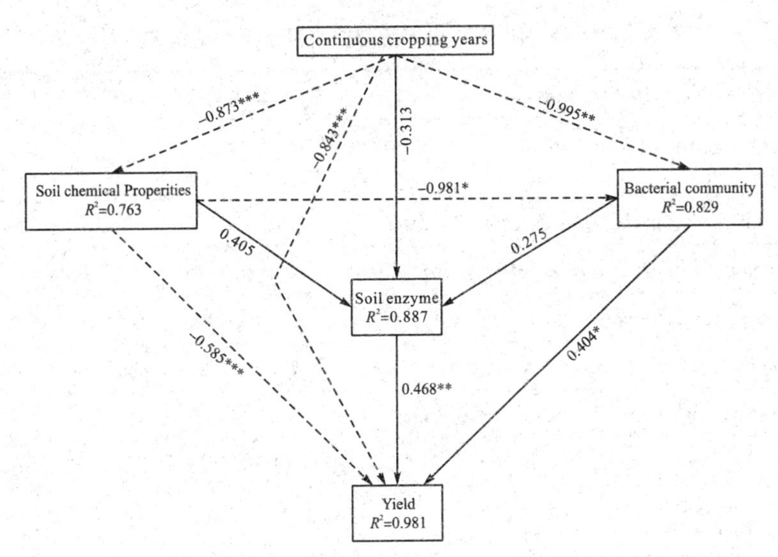

图6－1　连作年限、土壤理化性质、土壤胞外酶活性和土壤细菌群落对烤烟产量的直接和间接影响

注：带箭头的实线和带箭头的虚线分别表示有显著正效应和负效应。R^2表示方差被解释的比例。* 、** 和 *** 分别表示 $P<0.05$、$P<0.01$ 和 $P<0.001$。

由图6－1可知，不同连作年限下烟田土壤理化性质显著地直接影响了土壤细菌群落（路径系数为－0.981，$P<0.05$）。烤烟连作年限对土壤理化性质和土壤细菌群落均有显著的直接影响，路径系数分别为－0.873（$P<0.001$）和－0.995（$P<0.01$）。此外，连作年限（路径系数为－0.843，$P<0.001$）和土壤理化性质（路径系数为－0.585，$P<0.001$）对烤烟产量有显著直接的负效应，而土壤细菌群落（路径系数为0.404，$P<0.05$）和土壤胞外酶活性（路径系数为0.468，$P<0.01$）对烤烟产量有显著直接的正效应。

连作年限、土壤理化性质、土壤胞外酶活性、土壤细菌群落和烤烟产量之间存在特定的间接效应（见表6－1）；连作年限通过影响土壤理化性质对细菌群落、胞外酶活性和烤烟产量的间接影响极大，间接效应系数分别为0.0857、－0.6036和－0.1031；土壤理化性质通过影响土壤细菌群落对土壤胞外酶活性和烤烟产量的有较大间接影响，间接效应系数分别为－0.027和0.1569；土壤细菌群落通过影响土壤胞外酶活性对烤烟产量也有较大间接效应，间接效应系数为0.1287。

表 6-1 烤烟连作年限下各潜在变量直接和间接效应

序号	relationships	直接效应	间接效应	总效应
1	Continuous cropping years → Soil physicochemical properities	−0.8734	0.0000	−0.8734
2	Continuous cropping years→Bacterial community	−0.9951	0.0857	−0.9094
3	Continuous cropping years→Soil enzyme	−0.3128	−0.6036	−0.9164
4	Continuous cropping years→Yield	−0.8425	−0.1031	−0.9456
5	Soilphysicochemical properities→Bacterial community	−0.0981	0.0000	−0.0981
6	Soilphysicochemical properities→Soil enzyme	0.4048	−0.027	0.3778
7	Soilphysicochemical properities→Yield	−0.5854	0.1569	−0.4286
8	Bacterial community→Soil enzyme	0.275	0.0000	0.275
9	Bacterial community→Yield	0.4038	0.1287	0.5326
10	Soil enzyme→Yield	0.4681	0.0000	0.4681

6.2.2 不同连作年限下土壤细菌群落对烤烟产量形成的总效应

基于 PLS−PM 模型，对各个潜变量之间的总效应进行 bootstrap 分析后发现（见表 6−2），连作年限对烤烟产量有显著的负效应（Perc. 025=−0.980，Perc. 975=−0.910），随着连作年限的增加，烤烟产量呈现下降趋势。土壤细菌群落对烤烟产量有显著的正效应（Perc. 025=0.090，Perc. 975=0.633），细菌群落丰度和多样性的增高能够促进烤烟产量的增加。土壤胞外酶活性对烤烟产量也有显著的正效应（Perc. 025=0.101，Perc. 975=0.793），胞外酶活性的增高对烤烟产量有显著促进作用。此外，bootstrap 结果还表明，连作年限对土壤理化性质、细菌群落和胞外酶活性均有显著的负效应。

表 6−2 基于偏最小二乘路径模型的总效应（STE；±bootstrap CI 95%）

序号	relationships	Original	Mean. Boot	Std. Error	Perc. 025	Perc. 975
1	Continuous cropping years→ Soilphysicochemical properties	−0.873	−0.881	0.046	−0.980	−0.774
2	Continuous cropping years→ Bacterial community	−0.909	−0.916	0.031	−0.965	−0.845

续表6-2

序号	relationships	Original	Mean. Boot	Std. Error	Perc. 025	Perc. 975
3	Continuous cropping years→Soil enzyme	−0. 916	−0. 912	0. 137	−0. 976	−0. 830
4	Continuous cropping years→Yield	−0. 946	−0. 946	0. 019	−0. 980	−0. 910
5	Soilphysicochemical properities→Bacterial community	−0. 098	−0. 073	0. 254	−0. 377	0. 432
6	Soilphysicochemical properities→Soil enzyme	0. 378	0. 418	0. 322	−0. 058	1. 330
7	Soilphysicochemical properities→Yield	−0. 429	−0. 375	0. 277	−0. 633	0. 693
8	Bacterial community→Soil enzyme	0. 275	0. 279	0. 249	−0. 150	0. 779
9	Bacterial community→Yield	0. 333	0. 326	0. 192	0. 090	0. 633
10	Soil enzyme→Yield	0. 468	0. 439	0. 244	0. 101	0. 793

表 6−3 展示了烤烟连作年限、土壤理化性质、细菌群落、胞外酶活性和烤烟产量间的潜在变量载荷系数。由表 6−3 可知，土壤细菌群落丰度和多样性促进烤烟产量的增加，细菌群落多样性对烤烟产量相对贡献最大（载荷系数=0. 919），其次为细菌群落丰度（载荷系数=0. 784）。土壤胞外酶活性也与烤烟产量呈正比，酶活性越强烤烟产量越高。其中过氧化氢酶活性对烤烟产量的相对贡献最大（载荷系数=0. 76），其次为蔗糖酶（载荷系数=0. 722），脲酶相对贡献最小（载荷系数=0. 452）。

表 6−3 观测变量与潜在变量之间的载荷系数

潜在变量	观测变量	连作年限	土壤性质	细菌群落	胞外酶活性	产量
连作年限	Durations year	1. 000	−0. 873	−0. 909	−0. 916	−0. 946
土壤性质	pH	−0. 877	0. 807	0. 663	0. 688	0. 722
	SOC	−0. 744	0. 91	0. 761	0. 891	0. 681
	NO_{3-}	−0. 693	0. 949	0. 614	0. 782	0. 505
细菌群落	Diversity	−0. 832	0. 537	0. 904	0. 708	0. 919
	Abundence	−0. 831	0. 856	0. 924	0. 877	0. 784

续表6−3

潜在变量	观测变量	连作年限	土壤性质	细菌群落	胞外酶活性	产量
胞外酶活性	Sucrase	−0.746	0.451	0.612	0.483	0.722
	Urease	−0.508	0.773	0.517	0.766	0.452
	Catalase	−0.735	0.735	0.756	0.923	0.760
产量	Yield	−0.946	0.724	0.927	0.897	1.000

6.3 烤烟不同连作年限下土壤−真菌群落−产量之间潜在关系

6.3.1 不同连作年限下土壤真菌群落对烤烟产量的直接和间接效应

用PLS−PM模型确定连作年限、土壤理化性质、土壤胞外酶活性和真菌群落与烤烟产量之间的直接和间接关联。PLS−PM模型（GoF＝0.800）表明，连作年限、土壤理化性质、土壤胞外酶活性和土壤真菌群落共同解释了烤烟产量变异的94.0%（见图6−2）。

由图6−2可知，土壤理化性质显著地直接影响了土壤真菌群落（路径系数为0.542，$P<0.01$）。同时，烤烟连作年限对土壤理化性质和土壤真菌群落均有显著的直接影响，路径系数分别为−0.946和1.110。此外，连作年限（路径系数为−0.377，$P<0.05$）、土壤理化性质（路径系数为−0.497，$P<0.05$）和土壤真菌群落（路径系数为0.544，$P<0.01$）对烤烟产量有显著直接的负效应，而土壤胞外酶活性（路径系数为0.540，$P<0.01$）对烤烟产量有显著直接的正效应。

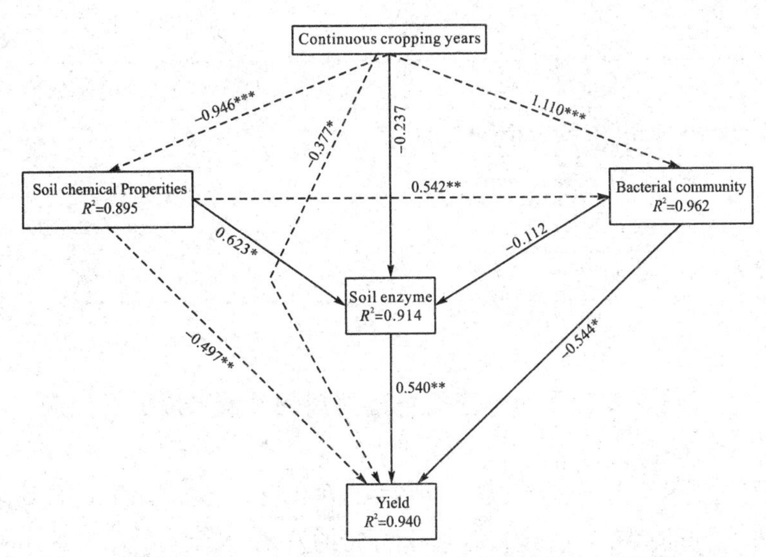

图6-2 连作年限、土壤理化性质、土壤胞外酶活性和土壤真菌群落对烤烟产量的直接和间接影响

注：带箭头的实线和带箭头的虚线分别表示有显著正效应和负效应。R^2表示方差被解释的比例。*、** 和 *** 分别表示 $P<0.05$、$P<0.01$ 和 $P<0.001$。

此外，连作年限、土壤理化性质、土壤胞外酶活性、土壤真菌群落和烤烟产量之间存在特定的间接效应（见表6-4）；连作年限通过影响土壤理化性质对土壤胞外酶活性、真菌群落和烤烟产量的间接影响极大，间接效应系数分别为−0.134、−0.698和−0.568；土壤理化性质通过影响土壤真菌群落对土壤胞外酶活性和烤烟产量的有较大间接影响，间接效应系数分别为−0.016和0.251；土壤真菌群落通过影响土壤胞外酶活性对烤烟产量也有间接效应，间接效应系数为−0.060。

表6-4 烤烟连作年限下各潜在变量间直接和间接效应

序号	relationships	直接效应	间接效应	总效应
1	Continuous cropping years → Soilphysicochemical properities	−0.946	0.000	−0.946
2	Continuous cropping years→Fungus community	1.113	−0.134	0.980
3	Continuous cropping years→Soil enzyme	−0.237	−0.698	−0.935
4	Continuous cropping years→Yield	−0.377	−0.568	−0.946
5	Soilphysicochemical properities→Fungus community	0.142	0.000	0.142
6	Soilphysicochemical properities→Soil enzyme	0.623	−0.016	0.607

续表6-4

序号	relationships	直接效应	间接效应	总效应
7	Soilphysicochemical properities→Yield	−0.497	0.251	−0.246
8	Fungus community→Soil enzyme	−0.112	0.000	−0.112
9	Fungus community→Yield	−0.544	−0.060	−0.604
10	Soil enzyme→Yield	0.540	0.000	0.540

6.3.2 不同连作年限下土壤真菌群落对烤烟产量形成的总效应

对连作年限、土壤理化性质、土壤胞外酶活性、土壤真菌群落和烤烟产量等潜变量之间的总效应进行 bootstrap 分析的发现（见表 6−5），连作年限对烤烟产量的总效应具有负显著性（Perc. 025=−0.978，Perc. 975=−0.897），即随着连作年限的增加，烤烟产量呈现下降趋势。真菌群落对烤烟产量也呈显著的负效应（Perc. 025=−0.854，Perc. 975=−0.351），随着真菌群落丰度和多样性的增加，烤烟产量不断降低。

表 6−5　基于偏最小二乘路径模型的总效应（STE；±bootstrap CI 95%）

序号	relationships	Original	Mean. Boot	Std. Error	perc. 025	perc. 975
1	Continuous cropping years → Soilphysicochemical properities	−0.946	−0.950	0.013	−0.976	−0.929
2	Continuous cropping years → Fungus community	0.980	0.982	0.005	0.971	0.991
3	Continuous cropping years→Soil enzyme	−0.935	−0.939	0.032	−0.986	−0.850
4	Continuous cropping years→Yield	−0.946	−0.946	0.020	−0.978	−0.897
5	Soilphysicochemical properities→ Fungus community	0.142	0.125	0.180	−0.198	0.511
6	Soilphysicochemical properities→ Soil enzyme	0.607	0.623	0.299	0.0028	1.287
7	Soilphysicochemical properities→ Yield	−0.246	−0.227	0.339	−0.867	0.710
8	Fungus community→Soil enzyme	−0.112	−0.070	0.455	−0.845	0.973

续表6-5

序号	relationships	Original	Mean. Boot	Std. Error	perc. 025	perc. 975
9	Fungus community→Yield	−0.604	−0.706	0.523	−0.854	−0.351
10	Soil enzyme→Yield	0.540	0.497	0.527	−0.981	1.070

表6−6对真菌群落丰度和多样性载荷系数的分析表明，真菌群落丰度对烤烟产量相对贡献最大（载荷系数=−0.907），其次为真菌群落多样性（载荷系数=−0.797）。

表6−6　观测变量与潜在变量之间的载荷系数

潜在变量	观测变量	连作年限	土壤性质	真菌群落	胞外酶活性	产量
连作年限	Durations year	1	−0.946	0.98	−0.935	−0.946
土壤性质	pH	−0.877	0.822	−0.86	0.689	0.746
	SOC	−0.744	0.903	−0.683	0.874	0.664
	NO_3^-	−0.693	0.854	−0.631	0.765	0.509
	AK	−0.894	0.856	−0.903	0.908	0.977
真菌群落	Diversity	0.813	−0.661	0.870	−0.612	−0.797
	Abundence	0.937	−0.945	0.926	−0.982	−0.907
胞外酶活性	Sucrase	−0.746	0.552	−0.806	0.535	0.732
	Urease	−0.508	0.726	−0.449	0.73	0.455
	Catalase	−0.735	0.790	−0.674	0.903	0.753
产量	Yield	−0.946	0.869	−0.953	0.918	1.000

6.4　讨论

当前，作物种植连作现象日趋严重，特别是规模化、专一化的栽培，种植作物种类单一，随着栽培年限的增加，作物连作障碍越发严重。李世金等在2018年研究发现，作物−微生物−土壤系统的失调是引起烟草连作障碍的主要因素。

烤烟连作降低土壤酶活性，破坏了微生物种群的平衡，导致土壤微生物的种群多样性和功能多样性菌发生改变，烟田土壤细菌群落结构趋于简单而真菌群落则不断丰富。烤烟连作过程中根系活动影响根际周围土壤的有效养分，并富集了相似的微生物群落，极大地改变了土壤微生物群落系统发育组成。烤烟根系分泌的有机物质使烟田土壤胞外酶活性发生改变，导致烟田壤微生物群落发育系统结构随烟株生长而发生较大的变化。另外，土壤微生物群落数量结构的变化会引发其功能的改变，进而会影响土壤中有机、无机养分的分解转化及作物对养分的吸收利用，最终影响作物的生长发育和产量品质形成。与作物生长发育过程中生物量积累和养分吸收呈正相关关系的土壤微生物群落，可以促进作物生长及微生物演替；而与作物生物量积累和养分吸收负相关的微生物群落则会抑制微生物群落演替，降低作物产量。此外，众多研究证明土壤微生物在促进作物生长发育和产量品质形成方面有显著效果，但是对于烤烟不同连作年限下土壤微生物群落与土壤性质、烤烟产量之间的关系研究相对较少。因此，进一步深入研究烤烟－土壤－微生物间协同作用，探究土壤微生物群落在烤烟连作过程中生产的作用机制具有十分重要的意义。

本研究发现，土壤细菌群落丰度和多样性促进烤烟产量的增加，细菌群落多样性对烤烟产量相对贡献最大。本研究第 3 章研究结果表明，细菌多样性与土壤 pH 值、有机质、硝态氮显著正相关；本研究第 2 章研究发现，连作时间与土壤 pH 值、有机质和硝态氮显著负相关。综合可知，长期连作中土壤 pH 值、有机质和硝态氮含量显著下降，导致土壤细菌多样性降低，烤烟产量不断下降。

真菌群落对烤烟产量呈显著的负效应，真菌群落丰度对烤烟产量相对贡献最大（载荷系数＝－0.907），长期连作时真菌群落丰度发生改变，显著影响了烤烟产量。本研究第 4 章的研究结果表明，镰刀菌属、柱孢霉菌属和链格孢属等病原真菌与土壤 pH 值、有机质、速效磷和速效钾显著负相关；本研究第 2 章研究发现，连作时间与土壤 pH 值、有机质和速效钾呈负相关关系。综合可知，长期连作时土壤 pH 值、有机质和速效磷和速效钾含量显著下降，导致土壤中镰刀菌属、柱孢霉菌属和链格孢属等病原真菌丰度持续上升，烤烟产量下降。

6.5 小结

采用偏最小二乘路径模型（PLS－PM）分析不同连作年限下土壤理化学

性状、土壤胞外酶活性、土壤微生物（细菌和真菌）群落和烤烟产量间潜在关系，结果表明，土壤细菌群落和胞外酶活性对烤烟产量有显著的直接正效应，而连作年限、土壤真菌群落和理化性质对烤烟产量有显著的直接负效应。此外，连作年限、土壤理化性质、土壤胞外酶活性、土壤细菌群落、土壤真菌群落和烤烟产量之间存在特定的间接效应。

土壤理化性质、土壤胞外酶活性、土壤细菌群落和土壤真菌群落的潜变量间对烤烟产量的总效应分析表明，连作年限、土壤细菌群落、土壤真菌群落和土壤胞外酶活性对烤烟产量的总效应有显著影响。土壤细菌群落与烤烟产量呈正效应，细菌群落多样性对烤烟产量相对贡献最大，其次为细菌群落丰度。土壤真菌群落与烤烟产量呈显著负效应，真菌群落丰度对烤烟产量相对贡献最大，真菌群落多样性贡献次之。长期连作中土壤 pH 值、有机质、硝态氮量显著下降，导致土壤细菌多样性降低；土壤中速效磷、速效钾含量降低导致镰刀菌属、柱孢霉菌属和链格孢属等病原真菌丰度升高，烤烟产量下降。在烤烟生产过程中，可通过增高土壤 pH 值，增加土壤中有机质和速效养分含量来增加细菌多样性，降低真菌群落丰度从而提高烤烟产量。

第7章　结论与展望

7.1　主要结论

本研究采用Illumina高通量测序、荧光定量PCR分析、微生物共现网络分析和微生物功能预测等方法，对我国西南山区烤烟连作下土壤细菌群落和真菌群落结构、功能和多样性变化进行了研究，分析了不同连作年限下烟田土壤性质与土壤细菌群落、真菌群落的关系，明确了土壤细菌与真菌对连作的响应机制，得出如下结论。

7.1.1　连作对土壤性质和烤烟生长的影响

长期连作严重影响土壤养分和酶活性。烤烟长期连作使土壤不断酸化，连作9年及以上的土壤pH值已经远低于优质烤烟生产要求土壤pH值范围。土壤中全氮、全磷、铵态氮含及脲酶活性与连作年限正相关，而土壤有机质、硝态氮、速效钾和蔗糖酶活与连作年限负相关。土壤速效磷含量随着连作年限的增加呈现先增高后降低的趋势，而过氧化氢酶活性与速效磷相反，随着连作时间的增长，过氧化氢酶活性先降低后升高再平缓降低。总的来说，连作使土壤中全量养分不断富集，而速效养分则不断下降以至严重亏缺。连作抑制烤烟生长发育，长期连作导致烟株矮小弱化，生长发育变缓，农艺性状变差。短期连作对烤烟产量影响不大，但连作5年后烤烟产量出现大幅度下降，连作13年烤烟产量比连作3年降低了51.51%。

7.1.2 连作对土壤细菌群落的影响

不同连作年限下烟田土壤虽然有相似的细菌种类，但细菌群落结构组成差异较大。连作显著降低了土壤细菌群落丰度，产生这种情况的主要原因应该是土壤酸化导致细菌群落丰度下降。变形菌门、酸杆菌门、绿弯菌门和髌骨细菌门是所有处理的优势菌门。变形菌门相对丰度随着连作时间的增加呈现出先增加后降低的趋势，绿弯菌门和髌骨细菌门的相对丰度与连作时间呈负相关，酸杆菌门的相对丰度则与连作时间呈正相关。在属水平，随着连作时间的增长，土壤中鞘脂单胞菌属和竹杆菌属细菌相对丰度呈现下降趋势，亚硝化单胞菌属和硝化螺菌属细菌相对丰度则不断增高。连作打破了土壤中原有的生态环境平衡，破坏细菌群落结构，降低了细菌群落的多样性。土壤 pH 值、有机质、全磷、硝态氮和铵态氮含量对细菌多样性影响显著，土壤 pH 值、速效钾和蔗糖酶是决定细菌系统发育结构变异的主要因素。对轮作和连作下土壤细菌共现网络的研究发现，轮作细菌群落间互作比连作多，形成的网络更加复杂和稳定。轮作网络中大多数细菌是相互促进的正交互作用，而连作网络中细菌则多为竞争或拮抗的负交互作用。轮作细菌共现网络中关键物种是能够清理土壤毒素的鞘脂单胞菌、具有固氮作用的黄杆菌，以及能够降解植物残体的酸杆菌，它们都对烤烟生长具有促进作用。而连作细菌共现网络中的关键物种则是能够侵染烤烟根系的植物病原细菌伯克氏菌和能够在恶劣环境下生存的全噬菌。

7.1.3 连作对土壤真菌群落的影响

连作增加了土壤真菌群落的丰度。连作增加了土壤病害的发生概率，土壤中肉座菌目、格孢腔菌目等植物病原真菌相对丰度随连作时间的增长而增加，而能够分解土壤毒素的粪壳菌目相对丰度则不断降低。连作对土壤真菌的多样性有着显著影响。中短期连作下土壤真菌群落多样性低于轮作；但连作超过 5 年后，真菌群落多样性高于轮作，且随着连作时间的增长，多样性不断增高。本研究中，不同连作年限下土壤真菌群落结构和组成各不相同，土壤中速效钾和速效磷的含量对真菌群落结构有重要影响。对不同种植制度下真菌共现网络的研究发现，连作下真菌群落形成了更加复杂的网络。长期连作形成的真菌共现网络中，真菌物种间连接更加紧密，结构更加复杂，网络更加稳定。能够分解和释放土壤矿质营养的双担菌属和能够在土壤中分泌毒素抑制植物生长的柱孢霉菌是连作处理中的关键真菌物种。

7.1.4 连作对土壤微生物群落功能的影响及潜在病原真菌变化

用 Tax4Fun 对烟田土壤细菌群落进行功能预测，结果显示，短期连作土壤中主要功能细菌是碳水化合物代谢、核苷酸代谢、膜运转和氨基酸代谢功能类群；随着连作时间的增长，细胞生长与死亡、分类降解、信号传递、细胞活力等功能细菌呈现上升趋势，而膜转运、氨基酸代谢，碳水化合物代谢功能细菌呈现下降趋势。真菌 FUNGuild 预测结果显示，连作导致土壤中病理型真菌、病理/腐生/共生过渡型真菌相对丰度不断上升，腐生/共生过渡型真菌相对丰度不断下降。镰刀菌属、链格孢属和柱孢霉属是烤烟连作中的主要潜在病原真菌，它们在连作土壤中具有较高的丰度，导致烤烟发生真菌性病害的风险大幅度增加。

7.1.5 土壤微生物群落对烤烟产量的影响

土壤细菌群落和胞外酶活性对烤烟产量有显著的正效应，而连作年限、土壤真菌群落和土壤理化性质对烤烟产量有显著的负效应。丰富的细菌群落促进烤烟产量的增加，细菌群落多样性对烤烟产量相对贡献最大（载荷系数=0.919），其次为细菌群落丰度（载荷系数=0.785）。土壤真菌群落过大则会降低烤烟产量，真菌群落丰度对烤烟产量负影响最大（载荷系数=－0.907），真菌群落多样性（载荷系数=－0.797）对产量也有一定的负影响。长期连作中土壤 pH 值、有机质、硝态氮含量下降，导致土壤细菌多样性降低，速效磷和速效钾含量降低导致镰刀菌属、柱孢霉菌属和链格孢属等病原真菌丰度升高，烤烟产量下降。在烤烟生产过程中，可通过增高土壤 pH 值，增加土壤中有机质和速效养分含量来增加细菌群落多样性，降低真菌丰度，从而提高烤烟产量。

7.2 展望

本研究探讨了不同连作年限对烟田土壤细菌、真菌群落特征及多样性的影响。连作显著改变了土壤生态环境，进而影响土壤中微生物群落结构和多样性。

本研究对土壤细菌、真菌的功能预测基于高通量测序结果，利用软件、平台进行预测分析。该技术只能预测已知功能，部分微生物功能无法预测。今后可以结合宏基因组、宏转录组技术对土壤细菌、真菌群落代谢功能进行研究，明晰连作对土壤微生物代谢功能和代谢途径的影响，进一步探明连作影响烟田土壤微生物代谢功能的作用机制。

连作改变了土壤微生物共现网络，今后应加强对网络中的关键物种或类群的研究，进一步明确影响连作土壤微生物群落结构和功能的关键物种的重要性，确认驱动生态环境中关键物种分布和活性的因素，探寻关键物种的表征与控制方法，以期获得改善长期连作土壤环境的新途径。

本研究明确了连作过程中主要潜在病原微生物的动态变化规律，下一步可重点研究如何减少病原微生物丰度，改善壤微生物群落组成，构建健康土壤环境，实现农田生态系统可持续发展。

参考文献

[1] 白羽祥，蔺忠龙，邓小鹏，等. 基于逐步回归模型的连作烟田土壤化学性状和酶活性关系分析 [J]. 南方农业学报，2018，49（12）：2387－2393.

[2] 蔡秋燕，阳显斌，孟祥，等. 不同连作年限对烟田土壤性状的影响 [J]. 江西农业学报，2020，32（10）：93－98.

[3] 曾路生，崔德杰，李俊良，等. 寿光大棚菜地土壤呼吸强度、酶活性、pH 与 EC 的变化研究 [J]. 植物营养与肥料学报，2009，15（4）：865－870.

[4] 查宏波，赵芳，陈旭，等. 翻耕深度对连作烟地土壤物理特性、烤烟生长发育及产质量的影响 [J]. 华北农学报，2019，34（S1）：250－254.

[5] 陈冬梅. 作物多样性栽培对烟草连作障碍的生态调控机制 [D]. 福州：福建农林大学，2010.

[6] 陈继峰，蔡凯旋，孙会，等. 河南烤烟连作状况调查与分析 [J]. 河南农业科学，2015，44（11）：34－37.

[7] 程江珂，王胜男，廖允成. 攀枝花市优质烤烟施肥模型研究 [J]. 云南农业大学学报（自然科学版），2017，32（2）：263－268.

[8] 邓小华，王新月，杨红武，等. 粉垄耕作深度对烤烟生长和物质积累及烟叶产质量的影响 [J]. 中国烟草科学，2020，41（5）：28－35.

[9] 邓小华，张瑶，田峰，等. 湘西州烟田土壤 pH 和中微量元素分布及其相关关系 [J]. 烟草科技，2017，50（5）：24－30.

[10] 邓阳春，黄建国. 长期连作对烤烟产量和土壤养分的影响 [J]. 植物营养与肥料学报，2010，16（4）：840－845.

[11] 杜玉海，孙志伟，王晓琳，等. 缺钾对烤烟氮素吸收利用的影响 [J]. 中国农业科技导报，2019，21（3）：141－145.

[12] 段春梅，薛泉宏，呼世斌，等. 连作黄瓜枯萎病株、健株根域土壤微生物生态研究 [J]. 西北农林科技大学学报（自然科学版），2010，38

(4): 143−150.
[13] 付仲毅，张晓远，张晓帆，等. 烤烟连作对烟田土壤碳库及烤后烟叶品质的影响 [J]. 西北农林科技大学学报（自然科学版），2018，46（8）：16−22.
[14] 高群，孟宪志，于洪飞. 连作障碍原因分析及防治途径研究 [J]. 山东农业科学，2006（3）：60−63.
[15] 龚治翔，马晓寒，任志广，等. 连作烤烟根际土壤细菌群落 16SrDNA−PCR−DGGE 分析 [J]. 中国农业科技导报，2018，20（2）：39−47.
[16] 古战朝，习向银，刘红杰，等. 连作对烤烟根际土壤微生物数量和酶活性的动态影响 [J]. 河南农业大学学报，2011，45（5）：508−513.
[17] 关广晟，屠乃美，肖汉乾，等. 不同种植方式烟田土壤养分及烟叶化学成分的差异 [J]. 湖南农业大学学报（自然科学版），2007，33（1）：28−31.
[18] 郭俊成，苏勇，刘强，等. 烟草叶蛋白利用价值研究进展 [J]. 中国烟草科学，2006，27（1）：8−10.
[19] 郭利，王学龙，陈永德，等. 烟草连作对烟田土壤微生物的影响 [J]. 湖北农业科学，2009，48（10）：2443−2445.
[20] 何俊瑜，陈博，任艳芳，等. 连作对烤烟根际与非根际土壤养分含量的影响 [J]. 湖南农业大学学报（自然科学版），2013，39（6）：585−590.
[21] 胡利伟，轩贝贝，戴华鑫，等. 宏转录组测序揭示褐土脲酶基因的表达丰度和细菌来源 [J]. 烟草科技，2020，53（11）：7−14.
[22] 胡汝晓，赵松义，谭周进，等. 烟草连作对稻田土壤微生物及酶的影响 [J]. 核农学报，2007，21（5）：494−497.
[23] 胡文智，王晴，苗慧莹，等. 钾肥基施与叶面喷施对烤烟含钾量的影响 [J]. 西北农业学报，2010，19（9）：119−123.
[24] 黄阔，江其鹏，姚晓远，等. 微生物菌剂对烟草根结线虫及根际微生物群落多样性的影响 [J]. 中国烟草科学，2019，40（5）：36−43.
[25] 贾健，朱金峰，杜修智，等. 不同种植模式对烤烟根际土壤微生物、土壤养分和烟叶质量的影响 [J]. 西南农业学报，2016，29（10）：2300−2306.
[26] 贾志红，易建华，苏以荣，等. 烟区轮作与连作土壤细菌群落多样性比较 [J]. 生态环境学报，2010，19（7）：1578−1585.

[27] 简在友，王文全，孟丽，等．人参连作土壤元素含量分析［J］．土壤通报，2011，42（2）：369－371．
[28] 晋艳，杨宇虹，段玉琪，等．烤烟连作对烟叶产量和质量的影响研究初报［J］．烟草科技，2002，50（1）：25－30．
[29] 李绍兰，陈有为，杨丽源，等．云南玉溪烤烟土壤真菌的初步研究［J］．微生物学杂志，2002（3）：22－25．
[30] 李世金，朱启法，裴洲洋，等．烟草种植连作障碍产生的原因及防治对策［J］．现代农业科技，2020（4）：54－56，58．
[31] 李鑫，张秀丽，孙冰玉，等．烤烟连作对耕层土壤酶活性及微生物区系的影响［J］．土壤，2012，44（3）：456－460．
[32] 李艳春，李兆伟，林伟伟，等．施用生物质炭和羊粪对宿根连作茶园根际土壤微生物的影响［J］．应用生态学报，2018，29（4）：1273－1282．
[33] 李焱．轮作与施肥模式对烟田土壤团聚体中碳、氮分布与转化的影响规律［D］．重庆：西南大学，2019．
[34] 李勇，刘时轮，易茜茜，等．不同栽培年限人参根区土壤微生物区系变化［J］．安徽农业科学，2010，38（2）：740－741．
[35] 梁更生，赵春燕，赵国良，等．连作对大棚辣椒生长发育及品质的影响［J］．甘肃农业科技，2018（5）：50－53．
[36] 梁文旭，靳志丽，莫凯明，等．烟稻复种连作对中、微量元素含量的影响效应研究［J］．中国土壤与肥料，2014（2）：40－44．
[37] 刘国顺．烟草栽培学［M］．北京：中国农业出版社，2017．
[38] 刘卉，张黎明，周清明，等．烤烟连作下连续施用生物炭对烤烟黑胫病、干物质及产质量的影响［J］．核农学报，2018，32（7）：1435－1441．
[39] 刘世亮，化党领，介晓磊，等．不同铵态氮/硝态氮配比营养液对烟草矿质营养吸收与积累的影响［J］．土壤通报，2010，41（6）：1423－1427．
[40] 刘文忠．大豆专用药肥对缓解大豆重迎茬减产问题的研究［J］．农业与技术，2009，29（4）：50－54．
[41] 娄翼来，关连珠，王玲莉，等．不同植烟年限土壤 pH 和酶活性的变化［J］．植物营养与肥料学报，2007，13（3）：531－534．
[42] 盘莫谊，张杨珠，肖嫩群，等．烟草连作对旱地土壤微生物及酶活性的影响［J］．世界科技研究与发展，2008，30（3）：295－297．
[43] 沈仁芳，赵学强．土壤微生物在植物获得养分中的作用［J］．生态学报，2015，35（20）：6584－6591．

[44] 王峰吉，尤垂淮，刘朝科，等. 不同连作年限植烟土壤对烤烟生长发育及产质量的影响 [J]. 福建农业学报，2014，29 (5)：443-448.
[45] 王功帅. 环渤海连作土壤真菌群落结构分析及混作葱减轻苹果连作障碍的研究 [D]. 泰安：山东农业大学，2018.
[46] 王茂胜，姜超英，潘文杰，等. 不同连作年限的烟田土壤理化性质与微生物群落动态研究 [J]. 安徽农业科学，2008，36 (12)：5033-5034，5052.
[47] 王蒙蒙，朱金峰，许自成，等. 烤烟连作土壤微生物数量及烤烟品质变化的比较 [J]. 江西农业学报，2015，27 (12)：50-54.
[48] 王棋，徐传涛，王昌全，等. 烤烟连作对土壤生态化学计量特征的影响 [J]. 农业资源与环境学报，2020，37 (5)：702-708.
[49] 王胜男，孙虎，廖允成，等. 氮磷钾配施对陕南烤烟化学成分的影响 [J]. 西北农林科技大学学报（自然科学版），2010，38 (2)：76-82.
[50] 王晓琪，姚媛媛，陈宝成，等. 淹水条件硝态氮和铵态氮配施对水稻生长与土壤养分的影响 [J]. 土壤，2020，52 (2)：254-261.
[51] 王鑫，刘建新. 黄土高原沟壑区烟草连作对土壤腐殖质性质的影响 [J]. 水土保持学报，2007，21 (6)：126-129.
[52] 王艳芳，潘凤兵，展星，等. 连作苹果土壤酚酸对平邑甜茶幼苗的影响 [J]. 生态学报，2015，35 (19)：6566-6573.
[53] 魏全全，芶久兰，赵欢，等. 黄壤区烤烟轮作与连作根系形态、产量及养分吸收的变化 [J]. 西南农业学报，2018，31 (11)：2294-2299.
[54] 翁佩莹，郑红艳. 作物连作障碍的成因与机制及其消减策略 [J]. 亚热带植物科学，2020，49 (2)：157-162.
[55] 吴丹阳，孙琳. 宏基因组学——农业土壤微生物研究新策略 [J]. 江西化工，2019 (4)：238-240.
[56] 夏梅梅，钟宛凌，欧阳里山，等. 1989—2018 年国内作物连作障碍研究现状——基于 CNKI 的文献计量学分析和科学知识图谱研究 [J]. 农学学报，2021，11 (3)：46-54.
[57] 向立刚，汪汉成，郑苹，等. 赤星病烤后烟叶内生及叶际真菌分析 [J]. 中国烟草学报，2020，26 (4)：93-100.
[58] 肖占文，王多成，闫吉治，等. 不同连作年限对玉米制种产量及其农艺经济性状的影响 [J]. 作物杂志，2010 (2)：107-109.
[59] 徐继磊，张友杰，叶协锋，等. 不同连作年限下烤烟不同生育期土壤微

生物区系动态研究. 安徽农业科学，2018，46（18）：105-108.
[60] 许自成，王发展，金伊楠，等. 不同连作年限烤烟根际土壤真菌群落18SrDNA-PCR-DGGE分析［J］. 中国土壤与肥料，2019（4）：39-46.
[61] 姚健，刘玉珍，李建华，等. 许昌烟草根腐病的分子鉴定及致病性分析［J］. 江西农业学报，2020，32（3）：99-103.
[62] 姚姜铭，郑党斌，刘云，等. 我国土壤微生物生态学研究进展［J］. 广西林业科学，2014（4）：401-404.
[63] 杨晋燕，赵永伟，董宁禹，等. 烟草连作障碍产生的原因及防治方法［J］. 现代农业科技，2021（4）：101-103.
[64] 尤垂淮，高峰，王峰吉，等. 连作对云南烤烟根际微生态及烟叶产质量的影响［J］. 中国烟草学报，2015（1）：60-67.
[65] 于宁，关连珠，娄翼来，等. 施石灰对北方连作烟田土壤酸度调节及酶活性恢复研究［J］. 土壤通报，2008（4）：849-851.
[66] 岳冰冰，李鑫，张会慧，等. 连作对黑龙江烤烟土壤微生物功能多样性的影响［J］. 土壤，2013，45（1）：116-119.
[67] 张辰露，孙群，叶青. 连作对丹参生长的障碍效应［J］. 西北植物学报，2005，25（5）：1029-1034.
[68] 张继光，郑林林，石屹，等. 不同种植模式对土壤微生物区系及烟叶产量与质量的影响［J］. 农业工程学报，2012，28（19）：93-102.
[69] 张瑞明，朱建华，高善民，等. 沪郊设施菜地连作土壤盐分积累及离子组成变化的研究［J］. 上海农业学报，2011，27（4）：76-79.
[70] 张翔，范艺宽，毛家伟，等. 不同种植制度和施肥措施对烟田土壤养分及微生物的影响［J］. 华北农学报，2008，23（4）：208-212.
[71] 张秀娟，安丽芸，刘勇，等. 基于梯度稀释法分析细菌多样性对土壤碳代谢的影响［J］. 生态学报，2020，40（3）：768-777.
[72] 张友杰. 连作烟田土壤生物特性变化［D］. 郑州：河南农业大学，2010.
[73] 张友杰，刘国顺，叶协锋，等. 烤烟不同生育期土壤酶及微生物活性的变化［J］. 土壤，2010，42（1）：39-44.
[74] 张长华，王智明，陈叶君，等. 连作对烤烟生长及土壤氮磷钾养分的影响［J］. 贵州农业科学，2007，35（4）：62-65.
[75] 赵倩，任广伟，王杰，等. 施用韩国假单胞菌（Pseudomonaskoreensis）

CLP-7 对连作烟田土壤质量及微生物群落功能多样性的影响［J］. 生态学报，2020，40（15）：5357-5366.

［76］赵秋月，张广臣. 不同连作年限的设施土壤对番茄生长发育的影响［J］. 吉林农业大学学报，2013，35（5）：541-546.

［77］郑元仙，杨敏，王继明，等. 烤烟根腐病对烟株根际土壤真菌群落结构的影响［J］. 中国烟草科学，2021，43：1-7.

［78］朱永官，沈仁芳，贺纪正，等. 中国土壤微生物组：进展与展望［J］. 中国科学院院刊，2017，32（6）：554-565，542.

［79］ACOSTA M V，BUROW G，ZOBECK T M，et al. Soil microbial communities and function in alternative systems to continuous cotton ［J］. Soil Science Society of America Journal，2010，74（4）：1181-1192.

［80］ALAMI M M，XUE J，MA Y，et al. Structure，function，diversity，and composition of fungal communities in rhizospheric soil of coptis chinensis franch under a successive cropping system ［J］. Plants (Basel)，2020，9（2）：244.

［81］ALLARD S M，WALSH C S，WALLIS A E，et al. Solanum lycopersicum（tomato）hosts robust phyllosphere and rhizosphere bacterial communities when grown in soil amended with various organic and synthetic fertilizers ［J］. Science of the Total Environment，2016，573：555-563.

［82］ANDERSON T H，DOMSCH K H. The metabolic quotient for CO_2 (QCO_2) as a specific activity parameter to assess the effects of environmental- conditions，such as Ph，on the microbial biomass of forest soils ［J］. Soil Biology & Biochemistry，1993，25（3）：393-395.

［83］APARICIO V，COSTA J L. Soil quality indicators under continuous cropping systems in the Argentinean Pampas ［J］. Soil & Tillage Research，2007，96（1-2）：155-165.

［84］ARAFAT Y，TAYYAB M，KHAN M U，et al. Long-term monoculture negatively regulates fungal community composition and abundance of tea orchards ［J］. Agronomy，2019，9（8）：466.

［85］AUGE R M. Water relations，drought and vesicular - arbuscular

mycorrhizal symbiosis [J]. Mycorrhiza，2001，11 (1)：3−42.
[86] AVIDANO L，GAMALERO E，COSSA G P，et al. Characterization of soil health in an Italian polluted site by using microorganisms as bioindicators [J]. Applied Soil Ecology，2005，30 (1)：21−33.
[87] BAHRAM M，HILDEBRAND F，FORSLUND S K，et al. Structure and function of the global topsoil microbiome [J]. Nature，2018，560：7717.
[88] BAI L，CUI J，JIE W，et al. Analysis of the community compositions of rhizosphere fungi in soybeans continuous cropping fields [J]. Microbiological Research，2015，180：49−56.
[89] BAI Y X，WANG G，CHENG Y D，et al. Soil acidification in continuously cropped tobacco alters bacterial community structure and diversity via the accumulation of phenolic acids [J]. Scientific Reports，2019 (9)：12499.
[90] BAILEY K L，LAZAROVITS G. Suppressing soil−borne diseases with residue management and organic amendments [J]. Soil & Tillage Research，2003，72 (2)：169−180.
[91] BARBERAN A，BATES S T，CASAMAYOR E O，et al. Using network analysis to explore co−occurrence patterns in soil microbial communities [J]. Isme Journal，2012，6 (2)：343−351.
[92] BAUSENWEIN U，GATTINGER A，LANGER U，et al. Exploring soil microbial communities and soil organic matter：variability and interactions in arable soils under minimum tillage practice [J]. Applied Soil Ecology，2008，40 (1)：67−77.
[93] BELLEMAIN E，CARLSEN T，BROCHMANN C，et al. ITS as an environmental DNA barcode for fungi：an in silico approach reveals potential PCR biases [J]. BMC Microbiol，2010 (10)：189.
[94] BENJLIL H，ELKASSEMI K，HAMZA M A，et al. Plant−parasitic nematodes parasitizing saffron in Morocco：structuring drivers and biological risk identification [J]. Applied Soil Ecology，2020，147：103362.
[95] BERENDSEN R L，PIETERSE C M J，BAKKER P. The rhizosphere microbiome and plant health [J]. Trends in Plant Science，2012 (17)：

478－486.

[96] BERG G，SMALLA K. Plant species and soil type cooperatively shape the structure and function of microbial communities in the rhizosphere [J]. Fems Microbiology Ecology，2009，68 (1)：1－13.

[97] BONANOMI G，ANTIGNANI V，CAPODILUPO M，et al. Identifying the characteristics of organic soil amendments that suppress soilborne plant diseases [J]. Soil Biology & Biochemistry，2010，42 (2)：136－144.

[98] BORKEN W，MATZNER E. Reappraisal of drying and wetting effects on C and N mineralization and fluxes in soils [J]. Global Change Biology，2009，15 (4)：808－824.

[99] BROCKETT B F T，PRESCOTT C E，GRAYSTON S J. Soil moisture is the major factor influencing microbial community structure and enzyme activities across seven biogeoclimatic zones in western Canada [J]. Soil Biology & Biochemistry，2012，44 (1)：9－20.

[100] BROOKES P C. The Use of Microbial Parameters in monitoring soil pollution by heavy－metals [J]. Biology and Fertility of Soils，1995，19 (4)：269－279.

[101] CAI Q H，ZUO J X，LI Z H，et al. Difference of rhizosphere microbe quantity and functional diversity among three flue－cured tobacco cultivars with different resistance [J]. Yingyong Shengtai Xuebao，2015，26 (12)：3766－3772.

[102] CALIZ J，MONTES B M，TRIADO M X，et al. Influence of edaphic，climatic，and agronomic factors on the composition and abundance of nitrifying microorganisms in the rhizosphere of commercial olive crops [J]. Plos One，2015，10 (5)：e0125787.

[103] CAPORASO J G，KUCZYNSKI J，STOMBAUGH J，et al. QIIME allows analysis of high－throughput community sequencing data [J]. Nature Methods，2010 (7)：335－336.

[104] CARMEN R M M，CARMEN M R M，PALO C，et al. Pathogenicity，vegetative compatibility and RAPD analysis of fusarium oxysporum isolates from tobacco fields in extremadura [J]. European Journal of Plant Pathology，2013，136 (3)：639－650.

[105] CASTRO H F, CLASSEN A T, Austin E E, et al. Soil microbial community responses to multiple experimental climate change drivers [J]. Applied and Environmental Microbiology, 2010, 76 (4): 999-1007.
[106] CHEN S, QI G, LUO T, ZHANG H, et al. Continuous-cropping tobacco caused variance of chemical properties and structure of bacterial network in soils [J]. Land Degradation & Development, 2018, 29 (11): 4106-4120.
[107] CHERRY K R, MILA A L. Temporal progress and control of tomato spotted wilt virus in flue-cured tobacco [J]. Crop Protection, 2011, 30 (5): 539-546.
[108] CLEVELAND C C, NEMERGUT D R, SCHMIDT S K, et al. Increases in soil respiration following labile carbon additions linked to rapid shifts in soil microbial community composition [J]. Biogeochemistry, 2007, 82 (3): 229-240.
[109] CORDERO J, DE FREITAS J R, GERMIDA J J. Bacterial microbiome associated with the rhizosphere and root interior of crops in Saskatchewan, Canada [J]. Can J Microbiol, 2020, 66 (1): 71-85.
[110] DE B W, DE R, SMANT W, et al. Rhizosphere bacteria from sites with higher fungal densities exhibit greater levels of potential antifungal properties [J]. Soil Biology & Biochemistry, 2008, 40 (6): 1542-1544.
[111] DE V S, DE V J, ROSE L E. The elaboration of mirna regulation and gene regulatory networks in plant-microbe interactions [J]. Genes, 2019, 10 (4): 310.
[112] DEDYSH S N, YILMAZ P. Refining the taxonomic structure of the phylum acidobacteria [J]. International Journal of Systematic and Evolutionary Microbiology, 2018, 68 (12): 3796-3806.
[113] DIAS T, DUKES A, ANTUNES P M. Accounting for soil biotic effects on soil health and crop productivity in the design of crop rotations [J]. Journal of the Science of Food and Agriculture, 2015, 95 (3): 447-454.
[114] DIOSMA G, AULICINO M, CHIDICHIMO H, et al. Effect of tillage

and N fertilization on microbial physiological profile of soils cultivated with wheat [J]. Soil & Tillage Research, 2006, 91 (1-2): 236-243.

[115] DODD J C, BODDINGTON C L, RODRIGUEZ A, et al. Mycelium of Arbuscular Mycorrhizal Fungi (AMF) from different genera: form, function and detection [J]. Plant and soil, 2000, 226 (2): 131-151.

[116] DOMBROWSKI N, SCHLAEPPI K, AGLER M T, et al. Root microbiota dynamics of perennial Arabis alpina are dependent on soil residence time but independent of flowering time [J]. Isme Journal, 2017, 11 (1): 43-55.

[117] DONG W Y, LIU E K, YAN C R, et al. Impact of no tillage vs. conventional tillage on the soil bacterial community structure in a winter wheat cropping succession in northern China [J]. European Journal of Soil Biology, 2017, 80: 35-42.

[118] DUBOIS P, TRYNKA G, FRANKE L, et al. Multiple common variants for celiac disease influencing immune gene expression [J]. Nature Genetics, 2010, 42: 465-465.

[119] EDGAR R C. Search and clustering orders of magnitude faster than BLAST [J]. Bioinformatics, 2010, 26: 2460-2461.

[120] EHRMANN J, RITZ K. Plant: soil interactions in temperate multi-cropping production systems [J]. Plant and soil, 2014, 376 (1-2): 1-29.

[121] EL AYMANI I, EL GABARDI S, ARTIB M, et al. Effect of the number of years of soil exploitation by saffron cultivation in morocco on the diversity of endomycorrhizal fungi [J]. Acta Phytopathologica et Entomologica Hungarica, 2019, 54 (1): 9-24.

[122] FEDURCO M, ROMIEU A, WILLIAMS S, et al. BTA, a novel reagent for DNA attachment on glass and efficient generation of solid-phase amplified DNA colonies [J]. Nucleic Acids Research, 2006, 34 (3): e23.

[123] FENG W, ZHANG Y Q, LAI Z R, et al. Soil bacterial and eukaryotic co-occurrence networks across a desert climate gradient in northern China [J]. Land Degradation & Development, 2020, 32 (5): 1938-

1950.

[124] FERNANDEZ G, CARDONI M, GOMEZ L, et al. Linking belowground microbial network changes to different tolerance level towards Verticillium wilt of olive [J]. Microbiome, 2020, 8 (1): 11.

[125] FIERER N, BRADFORD M A, JACKSON R B. Toward an ecological classification of soil bacteria [J]. Ecology, 2007, 88 (6): 1354-1364.

[126] FIERER N, JACKSON R B. The diversity and biogeography of soil bacterial communities [J]. Proceedings of the National Academy of Sciences of the United States of America, 2006, 103 (3): 626-631.

[127] FIERER N, LAUBER C L, RAMIREZ K S, et al. Comparative metagenomic, phylogenetic and physiological analyses of soil microbial communities across nitrogen gradients [J]. Isme Journal, 2012, 6 (5): 1007-1017.

[128] FIERER N, SCHIMEL J P. Effects of drying-rewetting frequency on soil carbon and nitrogen transformations [J]. Soil Biology & Biochemistry, 2002, 34 (6): 777-787.

[129] FINLAY B J. Global dispersal of free-living microbial eukaryote species [J]. Science, 2002, 296 (5570): 1061-1063.

[130] FITZPATRICK C R, COPELAND J, WANG P W, et al. Assembly and ecological function of the root microbiome across angiosperm plant species [J]. Proceedings of the National Academy of Sciences of the United States of America, 2018, 115 (6): E1157-E1165.

[131] FRANCIOLI D, VANRUIJVEN J, BAKKER L, et al. Drivers of total and pathogenic soil-borne fungal communities in grassland plant species [J]. Fungal Ecology, 2020, 48: 100987.

[132] FUENTES M, GOVAERTS B, DE LEON F, et al. Fourteen years of applying zero and conventional tillage, crop rotation and residue management systems and its effect on physical and chemical soil quality [J]. European Journal of Agronomy, 2009, 30 (3): 228-237.

[133] GAO Z Y, HAN M K, HU Y Y, et al. Effects of continuous cropping of sweet potato on the fungal community structure in rhizospheric soil [J]. Frontiers in Microbiology, 2019 (10): 2269.

[134] GARBEVA P, VAN V, VAN E. Microbial diversity in soil: selection of microbial populations by plant and soil type and implications for disease suppressiveness [J]. Annual Review of Phytopathology, 2004, 42: 243-270.

[135] GILLER K E, BEARE M H, LAVELLE P, et al. Agricultural intensification, soil biodiversity and agroecosystem function [J]. Applied Soil Ecology, 1997, 6 (1): 3-16.

[136] GONZALEZ M, PUJOL M, METRAUX J P, et al. Tobacco leaf spot and root rot caused by rhizoctonia solani kuhn [J]. Molecular Plant Pathology, 2011, 12 (3): 209-216.

[137] GUDETA D D, BORTOLAIA V, POLLINI S, et al. Expanding the repertoire of carbapenem - hydrolyzing metallo - ss - lactamases by functional metagenomic analysis of soil microbiota [J]. Frontiers in Microbiology, 2016 (7): 1985.

[138] HALLEEN F, SCHROERS H J, GROENEWALD J Z, et al. Novel species of cylindrocarpon (neonectria) and campylocarpon gen. nov associated with black foot disease of grapevines (Vitis spp.) [J]. Studies in Mycology, 2004 (50): 431-455.

[139] HANNULA S E, BOSCHKER H, DE B, et al. 13C pulse-labeling assessment of the community structure of active fungi in the rhizosphere of a genetically starch-modified potato (solanum tuberosum) cultivar and its parental isoline [J]. New Phytologist, 2012, 194 (3): 784-799.

[140] HANNULA S E, MA H, PEREZ J, et al. Structure and ecological function of the soil microbiome affecting plant-soil feedbacks in the presence of a soil-borne pathogen [J]. Environmental Microbiology, 2020, 22 (3): 660-676.

[141] HARTMANN A, SCHMID M, VAN TUINEN D, et al. Plant-driven selection of microbes [J]. Plant and soil, 2009, 321 (1-2): 235-257.

[142] HORZ H P, BARBROOK A, FIELD C B, et al. Ammonia-oxidizing bacteria respond to multifactorial global change [J]. Proceedings of the National Academy of Sciences of the United States of America, 2004,

101 (42): 15136—15141.

[143] HU W, TIAN S, DI Q, et al. Nitrogen mineralization simulation dynamic in tobacco soil [J]. Journal of soil science and plant nutrition, 2018, 18: 448—465.

[144] HU X J, LIU J J, WANG X Z, et al. Dramatic changes in bacterial co-occurrence patterns and keystone taxa responses to cropping systems in Mollisols of Northeast China [J]. Archives of Agronomy and Soil Science, 2021, 67: 426—434.

[145] HUANG W, SUN D, FU J, et al. Effects of continuous sugar beet cropping on rhizospheric microbial communities [J]. Genes (Basel), 2019, 11 (1): 10013.

[146] HUANG Y, XIAO X, HUANG H Y, et al. Contrasting beneficial and pathogenic microbial communities across consecutive cropping fields of greenhouse strawberry [J]. Applied Microbiology and Biotechnology, 2018, 102 (13): 5717—5729.

[147] IKEDA K, BANNO S, FURUSAWA A, et al. Crop rotation with broccoli suppresses Verticillium wilt of eggplant [J]. Journal of General Plant Pathology, 2015, 81 (1): 77—82.

[148] JACINTHE P A, BILLS J S, TEDESCO L P. Size, activity and catabolic diversity of the soil microbial biomass in a wetland complex invaded by reed canary grass [J]. Plant and soil, 2010, 329 (1—2): 227—238.

[149] JANESOMBOON S, MUANGSOMBUT V, SRINON V, et al. Detection and differentiation of Burkholderia species with pathogenic potential in environmental soil samples [J]. Plos One, 2021, 16: e0245175.

[150] JASON A, PEIFFERA A S, OMRY K, et al. Diversity and heritability of the maize rhizosphere microbiome under field conditions [J]. Proceedings of the National Academy of Sciences of the United States of America, 2013, 110 (16): 6548—6553.

[151] JIA Z H, YI J H, SU Y R, et al. Autotoxic substances in the root exudates from continuous tobacco cropping [J]. Allelopathy Journal, 2011, 27 (1): 87—96.

[152] JIANG Y J, LIANG Y T, LI C M, et al. Crop rotations alter bacterial and fungal diversity in paddy soils across East Asia [J]. Soil Biology & Biochemistry, 2016, 95: 250-261.

[153] KANAAN H, FRENK S, RAVIV M, et al. Long and short term effects of solarization on soil microbiome and agricultural production [J]. Applied Soil Ecology, 2018, 124: 54-61.

[154] KIKUCHI J, ITO K, DATE Y. Environmental metabolomics with data science for investigating ecosystem homeostasis [J]. Progress in Nuclear Magnetic Resonance Spectroscopy, 2018, 104: 56-88.

[155] KOWALCHUK G A, BUMA D S, DE B W, et al. Effects of above-ground plant species composition and diversity on the diversity of soil-borne microorganisms [J]. Antonie Van Leeuwenhoek International Journal of General and Molecular Microbiology, 2002, 81 (1-4): 509-520.

[156] KYSELKOVA M, KOPECKY J, FRAPOLLI M, et al. Comparison of rhizobacterial community composition in soil suppressive or conducive to tobacco black root rot disease [J]. Isme Journal, 2009, 3 (10): 1127-1138.

[157] LEIMINGER J, BASSLER E, KNAPPE C, et al. Quantification of disease progression of Alternaria spp. on potato using real-time PCR [J]. European Journal of Plant Pathology, 2015, 141 (2): 295-309.

[158] LEIMINGER J H, HAUSLADEN H. Early blight control in potato using disease-orientated threshold values [J]. Plant Disease, 2012, 96 (1): 124-130.

[159] LI P F, LIU J, JIANG C Y, et al. Trade-off between potential phytopathogenic and non-phytopathogenic fungi in the peanut monoculture cultivation system [J]. Applied Soil Ecology, 2020, 148: 103508.

[160] LI J B, SHEN Z H, LI C N, et al. Stair-step pattern of soil bacterial diversity mainly driven by pH and vegetation types along the elevational gradients of gongga mountain, China [J]. Frontiers in Microbiology, 2018 (9): 569.

[161] LI S, WU F Z. Diversity and co-occurrence patterns of soil bacterial

and fungal communities in seven intercropping systems [J]. Frontiers in Microbiology, 2018 (9): 1521.

[162] LI Y C, LI Z W, ARAFAT Y, et al. Studies on fungal communities and functional guilds shift in tea continuous cropping soils by high-throughput sequencing [J]. Annals of Microbiology, 2020, 70 (1): 7.

[163] LI Y L, TREMBLAY J, BAINARD L D, et al. Long-term effects of nitrogen and phosphorus fertilization on soil microbial community structure and function under continuous wheat production [J]. Environmental Microbiology, 2019, 22 (3): 1066-1088.

[164] LIU J J, SUI Y Y, YU Z H, et al. Soil carbon content drives the biogeographical distribution of fungal communities in the black soil zone of northeast China [J]. Soil Biology & Biochemistry, 2015, 83: 29-39.

[165] LIU J J, YAO Q, LI Y S, et al. Continuous cropping of soybean alters the bulk and rhizospheric soil fungal communities in a mollisol of northeast PR China [J]. Land Degradation & Development, 2019, 30 (14): 1725-1738.

[166] LIU X, LI Y J, REN X J, et al. Long-term greenhouse cucumber production alters soil bacterial community structure [J]. Journal of soil science and plant nutrition, 2020, 20: 306-321.

[167] LIU X B, LIU J D, XING B S, et al. Effects of long-term continuous cropping, tillage, and fertilization on soil organic carbon and nitrogen of black soils in China [J]. Communications in Soil Science and Plant Analysis, 2005, 36 (9-10): 1229-1239.

[168] LIU Y, WANG L H, HAO C B, et al. Microbial diversity and ammonia-oxidizing microorganism of a soil sample near an acid mine drainage lake [J]. Huanjing Kexue, 2014, 35: 2305-2313.

[169] LIU Z, LIU J, YU Z, et al. Long-term continuous cropping of soybean is comparable to crop rotation in mediating microbial abundance, diversity and community composition [J]. Soil and Tillage Research, 2020, 197: 104503.

[170] LOPEZ L N E, ECHEVERRIA M A, ORTIZ D E A, et al. Bacterial

diversity and interaction networks of agave lechuguilla rhizosphere differ significantly from bulk soil in the oligotrophic basin of cuatro cienegas [J]. Front Plant Sci，2020 (11)：1028.

[171] LU L H，YIN S X，LIU X，et al. Fungal networks in yield－invigorating and－debilitating soils induced by prolonged potato monoculture [J]. Soil Biology & Biochemistry，2013，65：186－194.

[172] LUO X H，WANG M K，HU G P，et al. Seasonal change in microbial diversity and its relationship with soil chemical properties in an orchard [J]. Plos One，2019 (14)：e0215556.

[173] MA B，WANG H Z，DSOUZA M，et al. Geographic patterns of co－occurrence network topological features for soil microbiota at continental scale in eastern China [J]. Isme Journal，2016，10 (8)：1891－1901.

[174] MANICI L M，CAPUTO F. Soil fungal communities as indicators for replanting new peach orchards in intensively cultivated areas [J]. European Journal of Agronomy，2010，33 (3)：188－196.

[175] MARSCHNER P，YANG C H，LIEBEREI R，et al. Soil and plant specific effects on bacterial community composition in the rhizosphere [J]. Soil Biology & Biochemistry，2001，33 (11)：1437－1445.

[176] MENDES R，GARBEVA P，RAAIJMAKERS J M. The rhizosphere microbiome：significance of plant beneficial，plant pathogenic，and human pathogenic microorganisms [J]. Fems Microbiology Reviews，2013，37 (5)：634－663.

[177] MEHETRE G，SHAH M，DASTAGER S G，et al. Untapped bacterial diversity and metabolic potential within unkeshwar hot springs，India [J]. Archives of Microbiology，2018，200：753－770.

[178] MERILES J M，GIL S V，CONFORTO C，et al. Soil microbial communities under different soybean cropping systems：Characterization of microbial population dynamics，soil microbial activity，microbial biomass，and fatty acid profiles [J]. Soil & Tillage Research，2009，103 (2)：271－281.

[179] MIAO C P，MI Q L，QIAO X G，et al. Rhizospheric fungi of panax notoginseng：diversity and antagonism to host phytopathogens [J].

Journal of Ginseng Research, 2016, 40 (2): 127-134.

[180] MIAO L Z, WANG P F, HOU J, et al. Distinct community structure and microbial functions of biofilms colonizing microplastics [J]. Science of the Total Environment, 2019, 650: 2395-2402.

[181] MONTOYA J M, PIMM S L, SOLE R V. Ecological networks and their fragility [J]. Nature, 2006, 442 (7100): 259-264.

[182] MUBYANA T, KRAH M, TOTOLO O, et al. 2003. Influence of seasonal flooding on soil total nitrogen, organic phosphorus and microbial populations in the Okavango Delta, Botswana [J]. Journal of Arid Environments, 54 (2): 359-369.

[183] NADKARNI M A, MARTIN F E, JACQUES N A, et al. Determination of bacterial load by real-time PCR using a broad-range (universal) probe and primers set [J]. Microbiology, 2002, 148: 257-266.

[184] NANNIPIERI P, ASCHER J, CECCHERINI M T, et al. Microbial diversity and soil functions [J]. European Journal of Soil Science, 2003, 54 (4): 655-670.

[185] NAUTIYAL C S, CHAUHAN P S, BHATIA C R. Changes in soil physico-chemical properties and microbial functional diversity due to 14 years of conversion of grassland to organic agriculture in semi-arid agroecosystem [J]. Soil & Tillage Research, 2010, 109 (2): 55-60.

[186] NAVARRO N Y E, GOMEZ A S, MONTOYA C N, et al. Relative impacts of tillage, residue management and crop-rotation on soil bacterial communities in a semi-arid agroecosystem [J]. Soil Biology & Biochemistry, 2013, 65: 86-95.

[187] NAYLOR D, DEGRAAF S, PURDOM E, et al. Drought and host selection influence bacterial community dynamics in the grass root microbiome [J]. Isme Journal, 2017, 11 (12): 2691-2704.

[188] NEHL D B, ALLEN S J, BROWN J F. Deleterious rhizosphere bacteria: An integrating perspective [J]. Applied Soil Ecology, 1997, 5 (1): 1-20.

[189] NEWTON A C, FITT B D L, ATKINS S D, et al. Pathogenesis,

parasitism and mutualism in the trophic space of microbe-plant interactions [J]. Trends in Microbiology, 2010, 18 (8): 365-373.

[190] NGUYEN H D T, NICKERSON N L, SEIFERT K A. Basidioascus and Geminibasidium: a new lineage of heat-resistant and xerotolerant basidiomycetes [J]. Mycologia, 2013, 105 (5): 1231-1250.

[191] NUNES L, COUTINHO J, NUNES L F, et al. Growth, soil properties and foliage chemical analysis comparison [J]. Forest Systems, 2011, 20 (3): 496.

[192] O'DONNELL A G, SEASMAN M, MACRAE A, et al. Plants and fertilisers as drivers of change in microbial community structure and function in soils [J]. Plant and soil, 2001, 232 (1-2): 135-145.

[193] OFEK L M, SELA N, GOLDMAN V M, et al. Niche and host-associated functional signatures of the root surface microbiome [J]. Nature Communications, 2014, 5 (1): 5950.

[194] OLESEN J M, BASCOMPTE J, DUPONT Y L, et al. The modularity of pollination networks [J]. Proceedings of the National Academy of Sciences of the United States of America, 2007, 104 (50): 19891-19896.

[195] OSBORNE T Z, BRULAND G L, NEWMAN S, et al. Spatial distributions and eco-partitioning of soil biogeochemical properties in the Everglades National Park [J]. Environmental Monitoring and Assessment, 2011, 183 (1-4): 395-408.

[196] PARKS D H, TYSON G W, HUGENHOLTZ P, et al. STAMP: statistical analysis of taxonomic and functional profiles [J]. Bioinformatics, 2020, 30: 3123-3124.

[197] PARK J H, CHOI G J, JANG K S, et al. Antifungal activity against plant pathogenic fungi of chaetoviridins isolated from Chaetomium globosum [J]. Fems Microbiology Letters, 2005, 252 (2): 309-313.

[198] PENG S B, TANG Q Y, ZOU Y B. Current status and challenges of rice production in China [J]. Plant Production Science, 2009, 12 (1): 3-8.

[199] PETIT E, GUBLER W D. Characterization of cylindrocarpon species,

the cause of black foot disease of grapevine in California [J]. Plant Disease, 2005, 89 (10): 1051-1059.

[200] PHOSRI C, POLME S, TAYLOR A F S, et al. Diversity and community composition of ectomycorrhizal fungi in a dry deciduous dipterocarp forest in Thailand [J]. Biodiversity and Conservation, 2012, 21 (9): 2287-2298.

[201] PII Y, MIMMO T, TOMASI N, et al. Microbial interactions in the rhizosphere: beneficial influences of plant growth - promoting rhizobacteria on nutrient acquisition process [J]. A review. Biology and Fertility of Soils, 2015, 51 (4): 403-415.

[202] PLACELLA S A, BRODIE E L, FIRESTONE M K. Rainfall-induced carbon dioxide pulses result from sequential resuscitation of phylogenetically clustered microbial groups [J]. Proceedings of the National Academy of Sciences of the United States of America, 2012, 109 (27): 10931-10936.

[203] PROSSER J I, NICOL G W. Archaeal and bacterial ammonia - oxidisers in soil: the quest for niche specialisation and differentiation [J]. Trends in Microbiology, 2012, 20 (11): 523-531.

[204] PUGA F R, BLOUIN M. A review of the effects of soil organisms on plant hormone signalling pathways [J]. Environmental and Experimental Botany, 2015, 114: 104-116.

[205] PURKHOLD U, POMMERENING R A, JURETSCHKO S, et al. Phylogeny of all recognized species of ammonia oxidizers based on comparative 16S rRNA and amoA sequence analysis: Implications for molecular diversity surveys [J]. Applied and Environmental Microbiology, 2000, 66 (12): 5368-5382.

[206] RAJU K S, RAO C C, RAJU C A. Genetic Variability in Fusarium oxysporum Isolates Causing Wilt of Tobacco Using RAPD Markers [J]. Journal of Mycology and Plant Pathology, 2009, 39 (1): 141-143.

[207] REN X, HE X F, ZHANG Z, et al. Isolation, identification, and autotoxicity effect of allelochemicals from rhizosphere soils of flue-cured tobacco [J]. Journal of Agricultural and Food Chemistry, 2015,

63 (41): 8975—8980.

[208] ROUSK J, BROOKES P C, BAATH E. Contrasting soil ph effects on fungal and bacterial growth suggest functional redundancy in carbon mineralization [J]. Applied and Environmental Microbiology, 2009, 75 (6): 1589—1596.

[209] SAMUEL A D, DOMUTA C, CIOBANU C, et al. Field management effects on soil enzyme activities [J]. Romanian Agricultural Research, 2008 (25): 61—68.

[210] SANG Z, YANG S, WU T, et al. Monosaccharide Secreted by root of different resistant flue—cured tobacco and its allelopathy to phytophora parasitica var. nicotiana [J]. Acta Botanica Boreali — Occidentalia Sinica, 2018, 38 (4): 698—705.

[211] SANTHANAM R, LUU V T, WEINHOLD A, et al. Native root—associated bacteria rescue a plant from a sudden — wilt disease that emerged during continuous cropping [J]. Proceedings of the National Academy of Sciences of the United States of America, 2015, 112 (36): E5013—E5020.

[212] SARPRAS M, AHMAD I, RAWOOF A, et al. Comparative analysis of developmental changes of fruit metabolites, antioxidant activities and mineral elements content in Bhut jolokia and other Capsicum species [J]. Lwt—Food Science and Technology, 2019, 105: 363—370.

[213] SHAHI A, AYDIN S, INCE B, et al. Reconstruction of bacterial community structure and variation for enhanced petroleum hydrocarbons degradation through biostimulation of oil contaminated soil [J]. Chemical Engineering Journal, 2016, 306: 60—66.

[214] SHAO T Y, ZHAO J J, LIU A H, et al. Effects of soil physicochemical properties on microbial communities in different ecological niches in coastal area [J]. Applied Soil Ecology, 2020, 150: 103486.

[215] SHE S Y, NIU J J, ZHANG C, et al. Significant relationship between soil bacterial community structure and incidence of bacterial wilt disease under continuous cropping system [J]. Archives of Microbiology, 2017, 199 (2): 267—275.

[216] SHEN C，LIANG W，SHI Y，et al. Contrasting elevational diversity patterns between eukaryotic soil microbes and plants [J]. Ecology，2014，95 (11)：3190－3202.
[217] SHEN H，YAN W，YANG X，et al. Co－occurrence network analyses of rhizosphere soil microbial PLFAs and metabolites over continuous cropping seasons in tobacco [J]. Plant and soil，2020，452 (1－2)：119－135.
[218] SHEN W S，NI Y Y，GAO N，et al. Bacterial community composition is shaped by soil secondary salinization and acidification brought on by high nitrogen fertilization rates [J]. Applied Soil Ecology，2016，108：76－83.
[219] SHI S J，NUCCIO E E，SHI Z J，et al. The interconnected rhizosphere：high network complexity dominates rhizosphere assemblages [J]. Ecology Letters，2016，19 (8)：926－936.
[220] SINGH B K，BARDGETT R D，SMITH P，et al. Microorganisms and climate change：terrestrial feedbacks and mitigation options [J]. Nature Reviews Microbiology，2010，8 (11)：779－790.
[221] SPAEPEN S，VANDERLEYDEN J，REMANS R. Indole－3－acetic acid in microbial and microorganism－plant signaling [J]. Fems Microbiology Reviews，2007，31 (4)：425－448.
[222] SPATAFORA J W，CHANG Y，BENNY G L，et al. A phylum－level phylogenetic classification of zygomycete fungi based on genome－scale data [J]. Mycologia，2016，108 (5)：1028－1046.
[223] SUAREZ D E，GIGON A，PUGA F R，et al. Combined effects of earthworms and IAA－producing rhizobacteria on plant growth and development [J]. Applied Soil Ecology，2014，80：100－107.
[224] SUN X，LIN Y L，LI B L，et al. Analysis and function prediction of soil microbial communities of Cynomorium songaricum in two daodi－origins [J]. Yaoxue Xuebao，2020，55：1334－1344.
[225] SZOBOSZLAY M，DOHRMANN A B，POEPLAU C，et al. Impact of land－use change and soil organic carbon quality on microbial diversity in soils across Europe [J]. Fems Microbiology Ecology，2017，93：fix146.

[226] TABAXI I, KAKABOUKI I, ZISI C, et al. Effect of organic fertilization on soil characteristics yield and quality of Virginia tobacco in Mediterranean area [J]. Emirates Journal of Food and Agriculture, 2020, 32 (8): 610−616.

[227] TAN Y, CUI Y, LI H, et al. Rhizospheric soil and root endogenous fungal diversity and composition in response to continuous Panax notoginseng cropping practices [J]. Microbiological Research, 2017, 194: 10−19.

[228] TAO J, MENG D, QIN C, et al. Integrated network analysis reveals the importance of microbial interactions for maize growth [J]. Appl Microbiol Biotechnol, 2018, 102 (8): 3805−3818.

[229] TEDERSOO L, SÁNCHEZ RS, KÕLJALG U, et al. High−level classification of the Fungi and a tool for evolutionary ecological analyses. Fungal Diversity, 2018, 90 (1): 135−159.

[230] TKACZ A, POOLE P. Role of root microbiota in plant productivity [J]. Journal of Experimental Botany, 2015, 66 (8): 2167−2175.

[231] TURCATTI G, ROMIEU A, FEDURCO M, et al. A new class of cleavable fluorescent nucleotides: synthesis and optimization as reversible terminators for DNA sequencing by synthesis [J]. Nucleic Acids Research, 2008, 36 (4) : e25.

[232] TURNER S, SCHIPPERS A, MEYER S S, et al. Mineralogical impact on long−term patterns of soil nitrogen and phosphorus enzyme activities [J]. Soil Biology & Biochemistry, 2014, 68: 31−43.

[233] VANALLE R M, GANGA G M, GODINHO M, et al. Green supply chain management: an investigation of pressures, practices, and performance within the Brazilian automotive supply chain [J]. Journal of Cleaner Production, 2017, 151: 250−259.

[234] VAN B A, SEMENOV A M. In search of biological indicators for soil health and disease suppression [J]. Applied Soil Ecology, 2000, 15 (1): 13−24.

[235] VAN D H, BARDGETT R D, VAN S N. The unseen majority: soil microbes as drivers of plant diversity and productivity in terrestrial ecosystems [J]. Ecology Letters, 2008, 11 (3): 296−310.

[236] VICK M T, PRISCU J C, AMARAL Z L. Modular community structure suggests metabolic plasticity during the transition to polar night in ice-covered Antarctic lakes [J]. Isme Journal, 2014, 8 (4): 778-789.

[237] VUYYURU M, SANDHU H S, ERICKSON J E, et al. Soil chemical and biological fertility, microbial community structure and dynamics in successive and fallow sugarcane planting systems [J]. Agroecology and Sustainable Food Systems, 2020, 44 (6): 768-794.

[238] WACHOWSKA U, IRZYKOWSKI W, JEDRYCZKA M, et al. Biological control of winter wheat pathogens with the use of antagonistic Sphingomonas bacteria under greenhouse conditions [J]. Biocontrol Science and Technolog, 2013, 23 (10): 1110-1122.

[239] WANG S, CHENG J, LI T, et al. Response of soil fungal communities to continuous cropping of flue-cured tobacco [J]. Sci Rep, 2020, 10 (1): 19911.

[240] WANG X K, SHI M, HAO P F, et al. Alleviation of cadmium toxicity by potassium supplementation involves various physiological and biochemical features in Nicotiana tabacum L [J]. Acta Physiologiae Plantarum, 2017, 39 (6): 132.

[241] WANG Y, QIAN P Y. Conservative fragments in bacterial 16S rRNA genes and primer design for 16S ribosomal DNA amplicons in metagenomic studies [J]. Plos One, 2009, 4 (10): e7401.

[242] WANG Z, LI T, LI Y, et al. Relationship between the microbial community and catabolic diversity in response to conservation tillage [J]. Soil and Tillage Research, 2020, 196: 104431.

[243] WANG Z, LIU L, CHEN Q, et al. Conservation tillage increases soil bacterial diversity in the dryland of northern China [J]. Agronomy for Sustainable Development, 2016, 36 (2): 28.

[244] WANG ZT, CHEN Q, LIU L, et al. Responses of soil fungi to 5-year conservation tillage treatments in the drylands of northern China [J]. Applied Soil Ecology, 2016, 101: 132-140.

[245] WARD N L, CHALLACOMBE J F, JANSSEN P H, et al. Three genomes from the phylum acidobacteria provide insight into the

lifestyles of these microorganisms in soils [J]. Applied and Environmental Microbiology, 2009, 75 (7): 2046-2056.

[246] WARDLE D A, BARDGETT R D, KLIRONOMOS J N, et al. Ecological linkages between aboveground and belowground biota [J]. Science, 2004, 304 (5677): 1629-1633.

[247] WATSUJI T, TAKAYA N, NAKAMURA A, et al. Denitrification of nitrate by the fungus cylindrocarpon tonkinense [J]. Bioscience Biotechnology and Biochemistry, 2003, 67 (5): 1115-1120.

[248] WEI F, ZHAO L H, XU X M, et al. Cultivar-dependent variation of the cotton rhizosphere and endosphere microbiome under field conditions [J]. Frontiers in Plant Science, 2019, 10: 1659.

[249] WEI Z, HUI X, LI X, et al. The rhizospheric microbial community structure and diversity of deciduous and evergreen forests in Taihu Lake area, China [J]. Plos One, 2017, 12 (4): e0174411.

[250] WEI Z, YU D. Analysis of the succession of structure of the bacteria community in soil from long-term continuous cotton cropping in Xinjiang using high-throughput sequencing [J]. Archives of Microbiology, 2018, 200 (4): 653-662.

[251] WEI Z, YU D. Rhizosphere fungal community structure succession of Xinjiang continuously cropped cotton [J]. Fungal Biology, 2019, 123 (1): 42-50.

[252] WHEELER T A, BORDOVSKY J P, KEELING J W. The effectiveness of crop rotation on management of Verticillium wilt over time [J]. Crop Protection, 2019, 121: 157-162.

[253] WU XZ, LI HL, WANG Y, et al. Effects of bio-organic fertiliser fortied by Bacillus cereus QJ-1 on tobacco bacterial wilt control and soil quality improvement [J]. Biocontrol Science and Technology, 2020, 30 (4): 351-369.

[254] XIONG W, ZHAO Q Y, ZHAO J, et al. Different continuous cropping spans significantly affect microbial community membership and structure in a vanilla-grown soil as revealed by deep pyrosequencing [J]. Microbial Ecology, 2015, 70 (1): 209-218.

[255] XU L H, NICOLAISEN M, LARSEN J, et al. Pathogen infection and

host—resistance interactively affect root—associated fungal communities in watermelon [J]. Frontiers in Microbiology, 2020 (11): 605622.

[256] XU X M, PASSEY T, WEI F, et al. Amplicon—based metagenomics identified candidate organisms in soils that caused yield decline in strawberry [J]. Horticulture Research, 2015 (2): 15022.

[257] YANG D Q, LIU Y, WANG Y, et al. Effects of soil tillage, management practices, and mulching film application on soil health and peanut yield in a continuous cropping system [J]. Frontiers in Microbiology, 2020 (11): 570924.

[258] YAO S, LI X N, CHENG H, et al. Insights into the fungal community and functional roles of pepper rhizosphere soil under plastic shed cultivation [J]. Diversity—Basel, 2020, 12 (11): 432.

[259] ZHANG C, LIN Z, QUE Y, et al. Straw retention efficiently improves fungal communities and functions in the fallow ecosystem [J]. BMC Microbiol, 2021, 21 (1): 52.

[260] ZHANG H L, JIANG Z T, LIU L D, et al. Effects of intercropping on microbial community function and diversity in continuous watermelon cropping soil [J]. Fresenius Environmental Bulletin, 2015, 24 (10a): 3288—3294.

[261] ZHANG J G, ZHANG Y Z, ZHENG L L, et al. Effects of tobacco planting systems on rates of soil n transformation and soil microbial community [J]. International Journal of Agriculture and Biology, 2017, 19 (5): 992—998.

[262] ZHANG Q, GUO T F, LI H, et al. Identification of fungal populations assimilating rice root residue — derived carbon by DNA stable — isotope probing [J]. Applied Soil Ecology, 2020, 147: 103374.

[263] ZHANG Z S, GUO L J, LIU T Q, et al. Effects of tillage practices and straw returning methods on greenhouse gas emissions and net ecosystem economic budget in rice wheat cropping systems in central China [J]. Atmospheric Environment, 2015, 122: 636—644.

[264] ZHANG Y, HAN M Z, SONG M N, et al. Intercropping with aromatic plants increased the soil organic matter content and changed

the microbial community in a pear orchard [J]. Frontiers in Microbiology, 2021 (12): 616932.

[265] ZHAO Y N, MAO X X, ZHANG M S, et al. Response of soil microbial communities to continuously mono-cropped cucumber under greenhouse conditions in a calcareous soil of north China [J]. Journal of Soils and Sediments, 2020 (20): 2446-2459.

[266] ZHENG W, ZHAO Z Y, LV F L, et al. Fungal alpha diversity influences stochasticity of bacterial and fungal community assemblies in soil aggregates in an apple orchard [J]. Applied Soil Ecology, 2021, 162: 103878.

[267] ZHOU R, WANG Y, TIAN M, et al. Mixing of biochar, vinegar and mushroom residues regulates soil microbial community and increases cucumber yield under continuous cropping regime [J]. Applied Soil Ecology, 2021, 161: 103883.